# Java
# 语言程序设计实践教程

主编　李永刚　叶利华　龚迅炜

Java
YUYAN CHENGXU SHEJI
SHIJIAN
JIAOCHENG

U0181713

上海交通大学出版社
SHANGHAI JIAO TONG UNIVERSITY PRESS

**内容提要**

本书围绕 Java 语言知识体系，将内容分为 17 个单元，覆盖了 Java 语法基础、面向对象编程以及 Java 高级编程等知识点。本书的每个单元包括知识要点、设计性实验或验证性实验、拓展训练等模块，提供了丰富的典型案例，可操作性强，便于读者学习。本书可作为计算机相关专业的教学用书，也可作为相关技术人员培训或工作的参考用书。

**图书在版编目（CIP）数据**

Java 语言程序设计实践教程 / 李永刚，叶利华，龚迅炜主编 . — 上海：上海交通大学出版社，2024.2

ISBN 978-7-313-28070-1

Ⅰ . ① J… Ⅱ . ①李… ②叶… ③龚… Ⅲ . ① JAVA 语言—程序设计—高等学校—教材 Ⅳ . ① TP312

中国国家版本馆 CIP 数据核字（2024）第 030548 号

**Java 语言程序设计实践教程**
Java YUYAN CHENGXU SHEJI SHIJIAN JIAOCHENG

主　　编：李永刚　叶利华　龚迅炜

出版发行：上海交通大学出版社

邮政编码：200030

印　　制：北京荣玉印刷有限公司

开　　本：889 mm × 1194 mm　1/16

字　　数：425 千字

版　　次：2024 年 2 月第 1 版

书　　号：ISBN 978-7-313-28070-1

定　　价：49.80 元

地　　址：上海市番禺路 951 号

电　　话：021-6407 1208

经　　销：全国新华书店

印　　张：15.5

印　　次：2024 年 2 月第 1 次印刷

# 前言

Java 语言是面向对象编程语言的代表，Java 技术的应用领域十分广泛，长期占据着编程语言排行榜靠前的位置，学好 Java 这门编程语言十分重要。Java 程序设计是一门实践性很强的课程，学习者必须通过大量的编程练习培养实践编程能力。

2020 年 5 月，教育部印发了《高等学校课程思政建设指导纲要》，指出"把思想政治教育贯穿人才培养体系，全面推进高校课程思政建设，寓价值观引导于知识传授和能力培养之中"。2022 年 10 月，党的二十大报告指出"培养什么人、怎样培养人、为谁培养人是教育的根本问题"。作为教育工作者，我们应时刻把握这一根本问题，积极探寻新时代人才培养模式的创新之路，培养德智体美劳全面发展的社会主义建设者和接班人。本书围绕 Java 语言体系，将内容分为 17 个单元，将课程思政元素和党的二十大精神融于 17 个实践单元中，帮助读者在 Java 语言知识学习中树立正确的价值观。

本书作为浙江省课程思政示范基层组织的阶段成果之一，主要特色如下。

### 1. 德育元素与实践案例紧密结合

本书按照立德树人理念组织每个单元，从党的二十大精神中凝练出一批德育元素，并将这些德育元素融入实践内容，让学习者在学习实践案例的同时培养工匠精神、奋斗精神、实干精神和创新精神，在实践中树立职业道德，弘扬民族责任感。

### 2. 实践环节经过精心设计，体现知识点的层次和递进关系

本书的每个单元均包含知识要点、验证性实验或设计性实验和拓展训练等模块。单元的各个环节体现了知识点的层次和递进关系。知识要点总结了各个单元的重要知识点，便于读者快速掌握核心知识。验证性实验只需补充少量关键语句即可完成编程任务，可以锻炼读者的思维能力。设计性实验则需要完整地设计程序，可以锻炼读者解决问题的能力。题目后面的点拨、提示、注意等互动模块既能给读者解题提供提示，也拓展了与案例相关的知识。拓展训练模块则引导读者思考更深层次的问题。

### 3. 突出面向对象思想，深挖面向对象编程内涵

Java 语言是典型的面向对象编程语言，面向对象思想是 Java 语言的精髓。本书精心设计了大量的面向对象编程案例，突出面向对象编程的核心地位。在讲解一些高级应用时，如数据库编程、网络编程、多线程编程，本书也穿插了面向对象程序设计基本理念，有利于读者深挖面向对象编程的内涵。

### 4. 全面覆盖 Java 语言的知识点

本书知识覆盖面广，既包括了控制结构、数组、方法等 Java 编程基础知识内容，又涵盖了数据库编程、网络编程、集合与泛型、多线程编程、图形界面编程等高阶内容。

### 5. 配套资源丰富

本书的配套资源十分丰富，有在线视频、课程源码、教学课件等多种形式的配套资源。有需要者可致电 13810412048 或发邮件至 2393867076@qq.com 获取。

本书由李永刚、叶利华和龚迅炜主编并统稿。第 1 单元至第 5 单元、第 9 单元、第 10 单元和第 15 单元由李永刚执笔，第 6 单元至第 8 单元、第 11 单元由龚迅炜执笔，第 12 单元至 14 单元、第 16 单元和第 17 单元由叶利华执笔。魏远旺、王超超、桑高丽、俞侃参与了部分编写和整理工作，来自企业的张缪春、吴晓辉参与了部分编写工作并提出了修改意见。在此，一并向为本书编写做出贡献的老师表示衷心的感谢。

由于编者水平有限，书中存在的谬误之处，敬请读者批评指正。

编　者

2023 年 8 月

# 目录

## 第 4 单元 方法 / 32

## 第 5 单元 数组 / 38

## 第 6 单元 对象和类 / 48

# 第 10 单元　字符串应用 / 128

# 第 11 单元　Java 输入与输出 / 136

# 第 12 单元　泛型与集合 / 153

## 第 13 单元　图形界面基础 / 161

## 第 14 单元　图形界面高级应用 / 171

## 第 15 单元　数据库编程 / 182

## 第 16 单元　多线程编程 / 211

## 第 17 单元　网络编程 / 222

## 参考文献 / 235

# 第1单元

# Java 语言概述
# 和开发环境

## 单元导读

我国软件行业在数字经济时代加速转型升级，企业数字化转型也给软件行业发展带来了巨大机遇。Java 语言一直占据编程语言排名靠前的位置，是世界上最受欢迎的编程语言之一，因此，学好 Java 语言将十分受益。本单元介绍 Java 语言开发环境的搭建以及 JDK 路径的设置，通过本单元的学习，读者能够在命令提示符下编译和运行程序，能够在 Eclipse 集成开发环境下编译、运行和调试程序。

## 知识要点

### 1. JDK 介绍

JDK（Java development kit）是 Java 语言的软件开发工具包（SDK）。自从 Java 推出以来，JDK 已经成为使用最广泛的 Java SDK。JDK 是整个 Java 的核心，包括 Java 运行环境（Java runtime environment，JRE）、Java 工具和 Java 基础的类库。JDK 提供了非常实用的功能，其版本也不断更新，运行效率得到了非常大的提高。本书使用 JDK 14.0.1 版本进行演示，建议读者使用 JDK 8 以上的版本。

### 2. Eclipse 开发工具介绍

Eclipse 是一个基于 Java 的开放源码的可扩展的应用开发平台，它为编程人员提供了一流的 Java 集成开发环境（integrated development environment，IDE）。在 Eclipse 的官方网站中提供了 Eclipse IDE 的下载链接（https://www.eclipse.org/downloads/）。

Eclipse 分为安装版和解压版。解压版只需要把 Eclipse 压缩包解压到本地即可运行。本书采用 eclipse-java-win32-x86_64.zip 版本的压缩文件。解压后单击 🌐 eclipse.exe 图标即可运行。在弹出的设置工作空间的对话框中，指定工作空间位置，如 "D:\JavaCourse\eclipse-workspace"。在每次启动 Eclipse 时，都会弹出设置工作空间的对话框，如果想在以后启动时不再进行工作空间的设置，可以选中 "Use this as the default and do not ask again" 多选框，如图 1-1 所示。Eclipse 的启动界面如图 1-2 所示。其他版本的 Eclipse 操作相同。

若是初次进入 Eclipse 软件，Eclipse 会弹出欢迎页面（见图 1-3），否则直接进入 Eclipse 的工作台（见图 1-4）。如果出现欢迎界面，则关闭该欢迎界面即可进入 Eclipse 的工作台。Eclipse 的工作台主要由菜单栏、工具栏、项目资源管理器视图、大纲视图、编辑器、其他视图等组成。

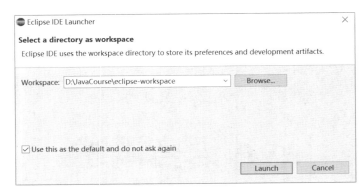

图 1-1  Eclipse 的工作空间设置

图 1-2  Eclipse 的启动界面

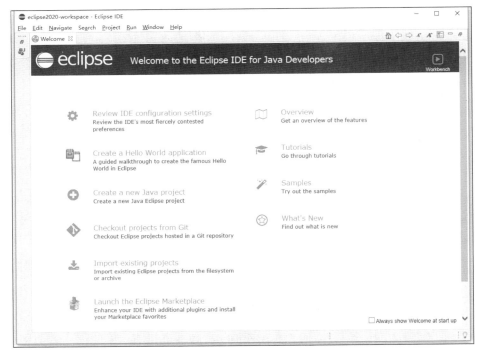

图 1-3  Eclipse 的欢迎页面

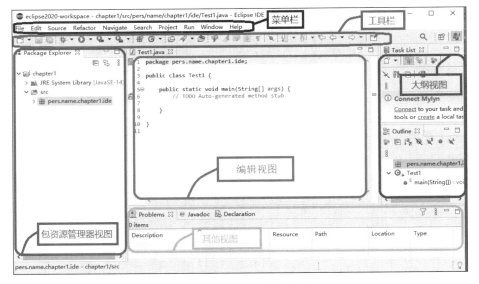

图 1-4  Eclipse 的工作台

在 Eclipse 工作台的上方提供了菜单栏，该菜单栏包含了实现 Eclipse 各项功能的命令，并且菜单栏中的菜单项与当前编辑器内打开的文件是相关联的。Eclipse 的菜单栏中共包括 10 个菜单，这些菜单中又包含了相应的子菜单。Eclipse 中常用的菜单如图 1-5 所示。

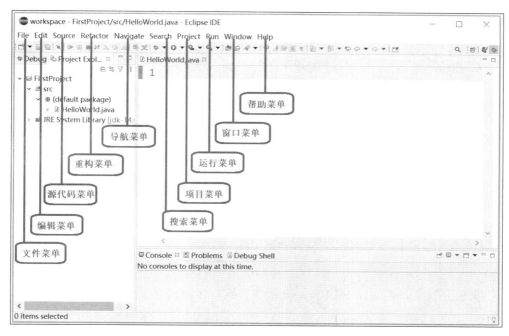

图 1-5　Eclipse 常用的菜单

Eclipse 的功能十分强大，掌握 Eclipse 相关的快捷键能够大大提高开发效率。Eclipse 提供的常用快捷键如表 1-1 所示。

表 1-1　Eclipse 的快捷键

| 快 捷 键 | 说　　明 |
| --- | --- |
| Ctrl + / | 注释或取消注释 |
| Ctrl + Shift + / | 代码块注释 |
| Ctrl + Shift + \ | 取消代码块注释 |
| Ctrl + D | 删除光标所在行的代码 |
| Ctrl + O | 打开视图的小窗口 |
| Ctrl + W | 关闭单个窗口 |
| Ctrl + 鼠标单击 | 跟踪方法和类的源码 |
| Ctrl + 鼠标停留 | 显示方法和类的源码 |
| Ctrl + M | 将当前视图最大化 |
| Ctrl + 1 | 将光标停留在某个变量上，按"Ctrl+1"组合键可提供快速实现的重构方法；选中若干行，按"Ctrl+1"组合键可将此段代码放入 for、while、if、do 或 try 等代码块中 |
| Ctrl + Q | 回到最后编辑的位置 |
| Ctrl + F6 | 切换窗口 |
| Ctrl + K | 将光标停留在变量上，按"Ctrl+K"组合键可查找下一个同样的变量 |
| Ctrl + Shift + K | 和"Ctrl+K"组合键查找的方向相反 |

续表

| 快捷键 | 说　明 |
|---|---|
| Ctrl + Shift + F | 代码格式化。如果选择部分代码，仅对所选代码进行格式化 |
| Ctrl + Shift + O | 快速导入类的路径 |
| Ctrl + Shift + X | 将选中字符转为大写 |
| Ctrl + Shift + Y | 将选中字符转为小写 |
| Ctrl + Shift + M | 导入未引用的包 |
| Ctrl + Shift + D | 在 debug 模式下显示变量值 |
| Ctrl + Shift + T | 查找工程中的类 |
| Ctrl + Alt + Down | 复制光标所在行至其下一行 |
| 双击左括号（小括号、中括号、大括号） | 选择括号内的所有内容 |

# 实验　使用 JDK 和 Eclipse 开发 Java 程序

知识目标

了解 Java 开发的运行环境，掌握简单 Java 程序的编写和调试方法。

能力目标

学会设置 JDK 路径，能够在命令提示符和 Eclipse 下编译和运行程序。

素质目标

养成调试、运行程序解决问题的习惯，树立科技报国的远大理想。

Java 语言概述
和开发环境

## 验证性实验——JDK 的安装和设置

（1）从 Oracle 官方网站（https://www.oracle.com/）下载 Windows 平台下的 JDK 安装包，本书选用 JDK 14.0.1，读者也可以选择其他版本。

（2）双击 JDK 安装包进入 JDK 的安装界面，如图 1-6 所示。

（3）单击"下一步"按钮后，可以自定义安装路径。单击"更改"按钮，将安装路径设置为"C:\Program Files\Java\jdk-14.0.1\"，如图 1-7 所示。

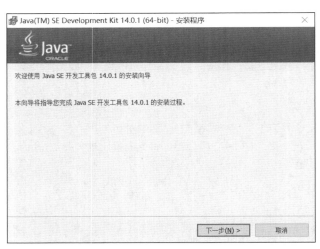

图 1-6　进入安装界面

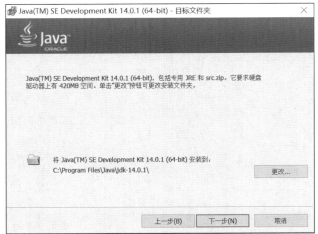

图 1-7　设置安装路径

（4）单击"下一步"按钮开始安装 JDK，如图 1-8 所示。

（5）等到安装完成，软件会弹出显示安装完成的对话框，此时完成了 JDK 14.0.1 的安装，如图 1-9 所示。

图 1-8　开始安装 JDK

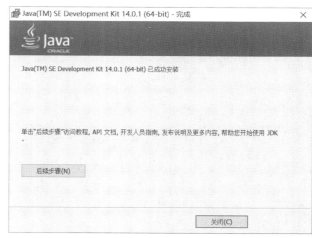

图 1-9　JDK 14.0.1 安装完成

（6）安装好 JDK 14.0.1 后，可以打开安装的目录，JDK 安装好后生成的文件如图 1-10 所示。

如果想在系统的任意目录下编译和运行编写好的 Java 程序，需要先设置环境变量，请按以下步骤配置（JDK 的默认安装路径为 C:\Program Files\Java\jdk-14.0.1）。

图 1-10　JDK 安装好后生成的文件

（7）鼠标右键单击"此电脑"图标，选择"属性"选项，弹出的界面如图 1-11 所示，单击"高级系统设置"，弹出的"系统属性"对话框如图 1-12 所示。

图 1-11　系统信息界面

图 1-12　"系统属性"对话框

（8）单击"环境变量"按钮弹出"环境变量"对话框，在"系统变量"中选择 Path，单击"编辑"按钮（见图 1-13），在弹出的变量值文本框中添加" C:\Program Files\Java\jdk-14.0.1\bin"，单击"确定"按钮完成环境变量的设置，如图 1-14 所示。

图 1-13　Windows 系统"环境变量"对话框

图 1-14　编辑环境变量 Path

（9）环境变量设置完毕后，打开"开始"菜单中的 Windows 系统，找到"命令提示符"图标，如图 1-15 所示。单击 图标，打开命令提示符窗口，在窗口中输入"javac"，按"Enter"键检查环境变量设置是否成功，如果设置成功则可以看到如图 1-16 所示的结果。

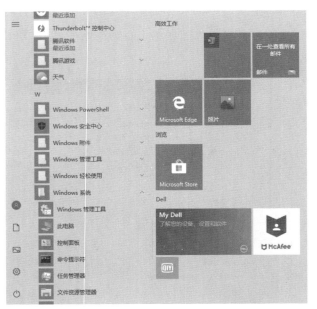

图 1-15　Windows 系统的"命令提示符"

图 1-16　验证环境变量是否设置成功

在之后需要进入命令提示符直接编译和运行 Java 程序时，只需进入 Java 程序所在的目录，通过"javac"和"java"命令即可编译和执行相应的程序。

**验证性实验——在命令提示符下编译运行程序**

（1）在安装完 JDK 并设置好 JDK 路径后，使用任意文本编辑器编写程序 HelloJava.java（代码见参考程序 1.1），编写完成后将文件保存，并命名为 "HelloJava.java"，如图 1-17 所示。

（2）在命令提示符环境下使用 "cd 文件名" 命令进入下一级目录（可以通过 "cd .." 返回上一级目录），然后输入 "javac HelloJava.java" 并按 "Enter" 键开始编译程序，如图 1-18 所示。

图 1-17　HelloJava.java 文件

图 1-18　编译程序 HelloJava.java

（3）编译完成后，打开 Example 文件夹（此为本书放置程序的目录，读者可自行选择），发现系统自动生成了 HelloJava.class 文件，如图 1-19 所示。

图 1-19　生成的 HelloJava.class 文件

（4）在命令提示符中继续输入 "java HelloJava" 命令，HelloJava 的输出结果如图 1-20 所示。

```
<terminated> HelloJava [Java Application] C:\Program Files\Java\jdk-14.0.1\bin\javaw.exe
Hello Java !
教育、科技、人才是全面建设社会主义现代化国家的基础性、战略性支撑。
必须坚持科技自立自强，加快建设教育强国、科技强国、人才强国。
科教兴国，科技强国从你我做起！
```

图 1-20　Hello Java 的输出结果

【参考程序 1.1】

```
public class HelloJava {
    public static void main(String[] args) {
        System.out.println("Hello Java !");
        System.out.println(" 教育、科技、人才是全面建设社会主义现代化国家的基础性、战略性支撑。");
        System.out.println(" 必须坚持科技自立自强，加快建设教育强国、科技强国、人才强国。");
        System.out.println(" 科教兴国，科技强国从你我做起！ ");
    }
}
```

**验证性实验——在 Eclipse 环境下编译运行程序**

（1）新建一个 "Project" 文件夹，然后选择 "Java Project"，如图 1-21 所示。

（2）指定工程名 "Project name" 和存储位置 "location"，并使用默认的 JRE，单击 "Finish" 按钮完成创建，如图 1-22 所示。

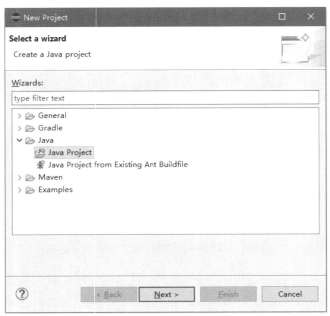
图 1-21　新建一个 Java Project

图 1-22　指定 Project 名称和存储位置

（3）展开新建的工程名，选中其中的源程序目录"src"，右击，选择"New"选项新建一个 Class 文件 Ⓒ Class，输入类名"FirstJava"，单击"Finish"按钮，如图 1-23 所示。

（4）编写程序并运行，在 FirstJava.java 文件中输入如图 1-24 所示的代码，单击按钮工具栏上的按钮 ● · 或者按"Ctrl+F11"组合键开始运行，运行结果如图 1-24 所示。

图 1-23　新建一个 Java 类

图 1-24　FirstJava.java 的代码和运行结果

## 验证性实验——在 Eclipse 环境下调试运行程序

在程序开发过程中读者会不断体会到程序调试的重要性。使用 Java 调试器可以设置程序的断点，让程序单步执行，在调试过程中还可以查看变量和表达式的值。通过调试可以避免在程序中编写大量的 System.out.println 方法输出调试信息。

（1）设置断点。设置断点是程序调试中必不可少的手段。Java 调试器每次遇到程序断点时都会将当前线程挂起，即暂停当前程序的运行。可以在 Java 编辑器中显示代码行号的位置双击来添加或删除当前行的断点，或者在当前行的位置右击，在弹出的快捷菜单中选择"Toggle Breakpoint"选项实现断点的添加与删除，如图 1-25 所示。

（2）以调试方式运行 Java 程序。要在 Eclipse 中调试程序，可以在 Eclipse 中程序文件的空白位置右击，在弹出的快捷菜单中执行"Debug As"→"Java Application"命令。调试器将在断点处挂起当前线程，使程序暂停，如图 1-26 所示。

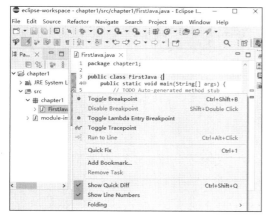

图 1-25　向 Java 编辑器中添加断点

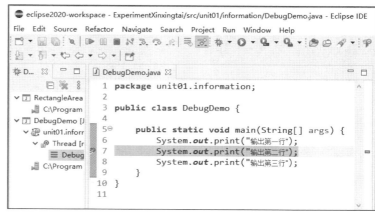

图 1-26　程序执行到断点后暂停

（3）程序调试。程序执行到断点被暂停后，可以通过"Debug"（调试）视图工具栏上的按钮 执行相应的调试操作，如"运行" 、"停止" 等。"Debug"（调试）视图如图 1-26 所示。在"Debug"（调试）视图的工具栏中单击按钮 或按"F6"键，将执行单步跳过操作，即运行单独的一行程序代码，但是不进入调用方法的内部，然后跳到下一个可执行点并暂时挂起线程。在"Debug"（调试）视图的工具栏中单击按钮 或按"F5"键，将跳入调用方法或对象的内部单步执行程序并暂时挂起线程。

拓展训练

（1）分析在未设置 Path 环境变量前 Eclipse 软件不能正常运行 Java 程序的原因，并思考如何设置 Path 环境变量以及设置环境变量后有什么效果，进而思考 Path 环境变量的用途。

（2）理解编译命令 javac 和执行命令 java 的用法。"javac HelloJava.java"和"javac helloJava.java"有什么区别？"java helloJava"和"java HelloJava"有什么区别？

（3）命令提示符是 Windows 兼容 DOS（disk operating system，磁盘操作系统）的命令符输入窗口，可以通过它调用系统服务，实现管理文件、执行程序、获取系统信息等操作，从而更好地了解和使用计算机。请尝试在命令提示符下实现上述操作。

# 第 2 单元

# 基本程序设计

单元导读

对于一个程序员来说，编程语言的基础知识就是内功，只有内功深厚的人，行走江湖才能立于不败之地。将基础知识重新组合，就能变化出众多的奇妙程序。本单元练习利用基本数据类型、运算符优先级、变量、常量、表达式以及标准输入/输出流等知识实现基本的程序设计。

## 知识要点

### 1. Java 的数据类型

Java 语言的数据类型包括基本数据类型和引用数据类型两大类。基本数据类型包括 byte、short、int、long、float、double、char 和 boolean 8 种。引用类型（reference type）包括类、接口和数组。Java 的基本数据类型如表 2-1 所示。

表 2-1　Java 的基本数据类型

| 类型名 | 所占内存/字节 | 取值范围 | 说　明 |
|---|---|---|---|
| byte | 1 | -128~127 | 8 位带符号数 |
| short | 2 | -32 768~32 767 | 16 位带符号数 |
| int | 4 | -2 147 483 648~2 147 483 647 | 32 位带符号数 |
| long | 8 | $-2^{63} \sim 2^{63}-1$ | 64 位带符号数 |
| float | 4 | [-3.402 823 5E3 8, -1.4E-45] ∪ [1.4E-45,3.402 823 5E3 8] | 32 位带符号数 |
| double | 8 | [-1.797 693 134 862 315 7E3 08,-4.9E-324] ∪ [4.9E-324,1.797 693 134 862 315 7E3 08] | 64 位带符号数 |
| char | 2 | 0~65 535 | Unicode 编码可以保存世界上文字的常用符号，注意 char 类型和数字类型间是可以转换的。汉字范围：19 968~40 869 |
| boolean | 1 | true / false | 逻辑判断 |

### 2. Java 的运算符优先级

Java 的运算符包括算术运算符、一元运算符、关系运算符、逻辑运算符、赋值运算符等，每种运算符都有自己的优先级和结合性。Java 的运算符优先级及结合性如表 2-2 所示，其中序号越小，优先级越高。

例如：

```
int x = 1;
int y = 2;
boolean z = x * y == x + y;
```

在上述表达式中，*的优先级最高，其次是＋，然后是关系运算符 ==，而赋值运算符 = 的优先级是最低的，因此上面的表达式也可以修改为：

```
boolean z = ((x * y ) == (x + y)) ;
```

表达式修改后运行结果是不变的。

表 2-2　Java 的运算符优先级及结合性

| 序号 | 类别 | 运算符 | 结合性 |
| --- | --- | --- | --- |
| 1 | 后置运算符 | a++、a－－ | 右结合 |
| 2 | 一元运算符、前置运算符 | +、－、++a、－－a | 右结合 |
| 3 | 转换运算符 | (type)Casting | 右结合 |
| 4 | 算术运算符 | *、/、% | 左结合 |
| 5 | | +、－ | 左结合 |
| 6 | 关系运算符 | <、<=、>、>= | 左结合 |
| 7 | | ==、!= | 左结合 |
| 8 | 逻辑运算符 | ! | 右结合 |
| 9 | | & | 左结合 |
| 10 | | ^ | 左结合 |
| 11 | | \| | 左结合 |
| 12 | | && | 左结合 |
| 13 | | \|\| | 左结合 |
| 14 | 赋值运算符 | =、+=、-=、*=、/=、%= | 右结合 |

在结合方向上，除赋值运算符外，所有的双目运算符都是左结合的，如 "a - b - c - d" 等价于 "((a - b)- c)- d"。

赋值运算符是右结合的，"a = b += c = 7" 等价于 "a = (b += (c = 7 ))"。

表达式的计算遵循如下规则。

规则 1：可能的情况下，从左向右依次计算所有的表达式。

规则 2：根据运算符的优先级进行运算。

规则 3：对优先级相同的相邻运算符，根据结合方向进行运算。

### 3. Java 的标准输入／输出流

java.lang.System 类提供了 3 种标准流：标准输入流（System.in）、标准输出流（System.out）和标准错误流（System.err）。通过它们可以实现数据的输入和输出操作。

JDK 5.0 之后的版本增加了一个新的类——java.util.Scanner，结合 System.in 可以实现对指定数据的输入。通过"new Scanner(System.in)"创建一个 Scanner 对象，控制台就会一直等待输入。例如：

```
Scanner scan = new Scanner(System.in);  // 创建一个 Scanner 对象 scan，System.in 表示标准化输入，也就是键盘
                                        输入
int i = scan.nextInt();  // 利用 Scanner 对象 scan 获取从键盘输入的整数
double y = scan.nextDouble();  // 利用 Scanner 对象 scan 获取从键盘输入的双精度浮点数
String str = scan.nextLine();  // 利用 Scanner 对象 scan 获取从键盘输入的字符串
```

此外，Scanner 类还提供了 nextByte()、nextShort()、nextLong()、nextFloat()、next() 等方法来实现不同类型数据的输入。

### 4. 格式化输出

System.out 的 print() 和 println() 方法可以向控制台输出不同类型的数据，可以满足程序调试信息的输出要求。其中 print() 表示输出后不换行，println() 表示输出后换行。在实际应用中，输出数据时，要求数据必须按照一定的格式输出，如小数点后保留 2 位有效数字、按照规定的格式输出日期、按照表格方式输出数据等。

System.out 的 printf() 方法可以对数据进行格式化输出，其常用的格式说明符如表 2-3 所示。

表 2-3　printf 方法常用格式说明符

| 格式化符号 | 含义 |
| --- | --- |
| %c | 单个字符 |
| %d | 十进制整数 |
| %f | 十进制浮点数 |
| %o | 八进制数 |
| %s | 字符串 |
| %u | 无符号十进制数 |
| %x | 十六进制数 |
| %% | 百分号 % |
| %b | 逻辑值（true 或 false） |

printf 的常用格式控制：%m.n[①] 格式字符。

% 表示格式说明的起始符号，不可缺少。m 代表域宽，即对应的输出项在输出设备上所占的字符数。n 代表精度，用于说明输出的实型数的小数位数。未指定 n 时，隐含的精度为 6 位。在 %.2f 中，m 位是默认位数，小数保留 2 位；%9.2f 的意思是位数为 9 位，小数保留 2 位（四舍五入）；%09.2f 的意思是位数为 9 位，小数保留 2 位，位数不足的用 0 补齐。

例如：

```
double y = 15.3673;
System.out.printf("y is:%.2f", y);
```

输出结果为：y is:15.37

---

[①] 为与代码保持一致，本书中部分与代码相关的变量采用正体。

## 实验　数据类型与运算符

知识目标

掌握 Java 语言基本数据类型的使用方法；掌握从键盘输入数据的方法；了解 Java 的表达式求值方法及操作符的优先级；掌握 Java 的格式化输出方法。

能力目标

能够使用基本数据类型和运算符编写 Java 应用程序，并实现交互式输入 / 输出。

素质目标

树立不怕困难、勇于探索创新的品格；树立尊重规则、遵守法律的意识。

基本程序设计

### 验证性实验——求三位整数的各位数字之和

从键盘输入一个三位整数，输出该数的各位数字的和。要求采用标准输入 / 输出流。

【参考程序 2.1】

```java
import java.util.Scanner;
public class ThreeDigSum {
    public static void main(String[] args) {
        int n,a,b,c;
        int digsum = 0;
        Scanner scanner;
        System.out.print(" 请输入一个整数： ");
        scanner = _____;    // 实例化一个 Scanner 对象；
        n = _____;          // 获得一个整型数值
        a = n%10;        // 个位
        b = (n%100)/10;     // 十位
        c = _____;         // 百位
        digsum = a+b+c;   // 数字和
        System.out.print(" 整数 "+n+" 的各位数字之和是： "+digsum);
    }
}
```

运行结果如图 2-1 所示。

```
Console  ×
<terminated> ThreeDigSum [Java Application]
请输入一个整数：567
整数 567 的各位数字之和是：18
```

图 2-1　三位整数的各位数字之和程序的运行结果

⚠点拨

首先利用 Scanner 类创建一个 Scanner 对象 scanner，利用 Scanner 对象的 nextInt() 方法从键盘获取输入的整数。然后利用运算符"%"和"/"的性质，分别获得三位数整数的个位、十位和百位上的数字。三个数字之和即为最后结果。

## 验证性实验——古代重量单位转换

中国古代的重量单位是比较复杂的，即使秦始皇统一中国后统一了度量衡制度，促进了重量单位的统一，但重量单位的换算依然比较复杂。重量单位换算规则如下：6 铢等于 1 锱，4 锱等于 1 两，16 两等于 1 斤。编写程序，输入一个较大值的重量，将其转换为较小的重量单位。

【参考程序 2.2】

```java
import java.util.Scanner;
public class AncientWeightTrans {
    public static void main(String[] args) {
        Scanner input = new Scanner(System.in);
        System.out.print(" 输入一个数值，例如 15.46: ");
        double amount = input.nextDouble();
        int remainAmount = (int)(amount * 384);
        int numberOfJin = remainAmount/384;
        remainAmount = remainAmount % 384;
        int numberOfLiang = remainAmount / 24;
        remainAmount = remainAmount % 24;
        int numberOfZhi = _____;
        remainAmount = _____;
        int numberOfZhu = remainAmount;
        System.out.println(" 转换后 " + amount + " 包括 :");
        System.out.println(numberOfJin + " Jin");
        System.out.println(numberOfLiang + " Liang ");
        System.out.println(numberOfZhi + " Zhi");
        System.out.println(numberOfZhu + " Zhu");
    }
}
```

运行结果如图 2-2 所示。

```
Console ⊠  Problems  Debug Shell
<terminated> CurrencyTrans [Java Application] C:\Program Files\Java\jdk-14.0.1\bin\javaw.exe
输入一个数值，例如15.46: 1.619791667
转换后1.619791667包括:
1 Jin
9 Liang
3 Zhi
4 Zhu
```

图 2-2　古代重量单位转换程序的运行结果

⚠点拨

首先利用 Scanner 类创建一个 Scanner 对象 input，利用 Scanner 对象的 nextDouble() 方法从键盘获取输入的浮点数。然后把浮点数转化为整数。再利用较小重量单位的数值特点及运算符 "%" 和 "/" 的性质，分别获得重量单位转换后的结果。

## 设计性实验——华氏摄氏温度转换

从键盘输入一个数值作为华氏温度，将其转换为摄氏温度，并保留 2 位小数，转换公式为摄氏度 =（5/9）*（华氏度 -32）。运行结果如图 2-3 所示。

```
Console 
<terminated> TempConvert (1) [Java Application] C:\Program Files\Java\jdk-14.0.1\bin\javaw.exe
85.0
Celsius is:29.4
```

图 2-3　华氏摄氏温度转换程序的运行结果

**点拨**
利用 System.out 的 printf() 方法对数据进行格式化输出, 保留 2 位小数。

## 设计性实验——输出 24 个希腊字母

每行输出 10 个字母后换行。运行结果如图 2-4 所示。

```
Console 
<terminated> GreekAlphabetConvert [Java Application] C:\Program Files\Java\jdk-14.0.1\bin\javaw.exe
希腊字母表:
α β γ δ ε ζ η θ ι κ
λ μ ξ ο π ρ ς σ τ
υ φ χ ψ
```

图 2-4　输出希腊字母程序的运行结果

**点拨**
在 Unicode 字符表中, 希腊字母是从 945 开始的 24 个字符, 可以使用 char 进行强制类型转换。

## 设计性实验——计算矩形的面积

从键盘分别输入一个矩形的长和宽, 其类型为 double 类型, 输出矩形的面积, 并保留 2 位小数。运行结果如图 2-5 所示。

```
Console 
<terminated> RectangleArea [Java Application] C:\Program Files\Java\jdk-14.0.1\bin\javaw.exe
5.5 6.3
The area is:34.65
```

图 2-5　计算矩形面积程序的运行结果

## 设计性实验——$N$ 体模拟粒子数

"天河二号"是由国防科技大学研制的超级计算机系统, 以每秒 5.49 亿亿次的峰值计算速度和每秒 3.39 亿亿次双精度浮点运算的持续计算速度位居榜首, 成为 2013 年全球最快超级计算机。$N$ 体模拟是现代天体学研究中探索粒子在引力相互作用下动力学问题的重要方法。2015 年 5 月, "天河二号"成功进行了 3 万亿粒子数中微子和暗物质的宇宙学 $N$ 体数值模拟, 揭示了宇宙大爆炸 1600 万年之后至今约 137 亿年的漫长演化进程, 同时这也是当时天文学 $N$ 体模拟粒子数的世界纪录。

编写 N 体模拟粒子数程序，假设在每秒 3.39 亿亿次双精度浮点运算的"天河二号"上运行，提示输入粒子数（亿粒），计算每小时的模拟次数。运行示例如图 2-6 所示。

```
Console ⊠
<terminated> ParticleDemo [Java Application] C:\Program Files\Java\jdk-14.0.1\bin\javaw.exe
Please input the number of particle:2.5
Number of operations is:4.8816E11
```

图 2-6  N 体模拟粒子数程序的运行示例

**⚠.点拨**

超级计算机的浮点运算能力与模拟次数成正比，输入的粒子数与模拟次数成反比。

📖 拓 展 训 练

（1）数据类型的转换分为自动转换和强制转换。自动转换是指数字表示范围小的数据类型会自动转换成范围大的数据类型。试分析哪些自动转换不会造成数据丢失，哪些转换可能会出现数据丢失。

（2）在同一个表达式中使用自增操作或自减操作，多次修改同一个变量会产生副作用吗？比如"int x = ++i+i;""int y = j+++j;"这两条语句执行后，分别会得到什么结果？

# 第 3 单元

## 控制语句

单元导读

Java 语言中的基本控制语句是指程序中用来控制程序流程的语句。这些基本控制语句包括顺序语句、选择语句和循环语句。复杂程序都可以使用上述三种基本控制语句实现，实现的过程就是逐步求精的过程。解决遇到的实际问题亦需要不断迭代优化，将党的二十大精神融入工程实践中，并在实践过程中培养精益求精的工匠精神。本单元重点练习选择语句和循环语句的使用方法和技巧，通过本单元的学习读者可以掌握用 Java 语言流程控制语句编写程序的能力，可以了解 break、continue 的使用方法。

## 知识要点

### 1. 选择语句

选择语句有单分支 if 语句、双分支 if-else 语句、多分支 if-else 语句和 switch 语句。

（1）单分支 if 语句。单分支 if 语句的语法如下：

```
if(布尔表达式) {
    // 布尔表达式的值为真时执行的语句；
}
```

单分支语句只处理布尔表达式的值为真的情况。单分支 if 语句的流程图如图 3-1 所示。

（2）双分支 if-else 语句。双分支语句根据条件的真假决定执行的路径。双分支 if-else 语句的语法如下：

```
if(布尔表达式) {
    // 布尔表达式的值为真时执行的语句；
} else {
    // 布尔表达式的值为假时执行的语句；
}
```

双分支 if-else 语句的流程图如图 3-2 所示。

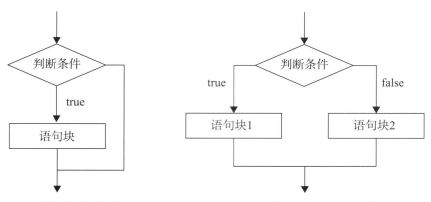

图 3-1　单分支 if 语句流程图　　　　图 3-2　双分支 if-else 语句流程图

（3）多分支 if-else 语句。多分支 if-else 语句根据条件的真假决定各分支执行的路径。多分支 if-else 语句的语法如下：

```
if(布尔表达式 1){
    // 布尔表达式 1 的值为真时执行的语句；
} else if(布尔表达式 2){
    // 布尔表达式 2 的值为真时执行的语句；
}
……
else {
    // 上述布尔表达式的值均为假时执行的语句；
}
```

多分支 if-else 语句的流程图如图 3-3 所示。

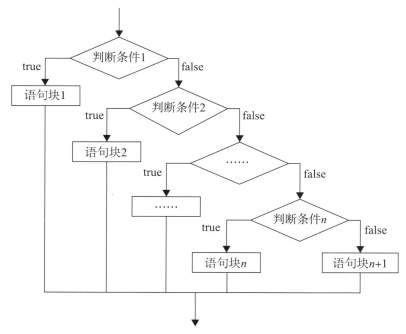

图 3-3　多分支 if-else 语句流程图

（4）switch 语句。switch 语句基于变量或者表达式的值执行分支语句。switch 语句的语法如下：

```
switch（switch 表达式）{
    case 值 1: // 值为 1 时执行的语句 ;
        break;
    case 值 2: // 值为 2 时执行的语句 ;
        break;
    ……
    case 值 n: // 值为 n 时执行的语句 ;
        break;
    default: // 默认执行的语句 ;
}
```

switch 语句的流程图如图 3-4 所示。

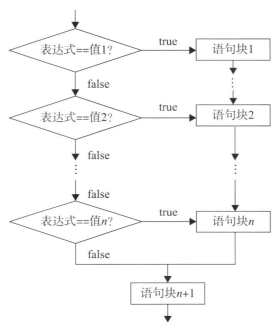

图 3-4　switch 语句流程图

switch 语句执行遵循如下规则：

① switch 表达式必须能计算出一个 char、byte、short、int 等可枚举类型或者 String 类型的值，且必须用小括号括起来；

② case 后面的值与 switch 表达式的值类型一致，且都是常量或常量表达式，不能有变量；

③ switch 语句执行时，从与 case 语句相匹配的值开始，直到遇到第一个 break 或者到达 switch 的结束位置；

④ default 是可选的，当没有一个表达式的值与 case 后面的值相匹配时执行该语句。

2. 循环语句

Java 提供三种类型的循环语句：while 循环、do-while 循环和 for 循环。

（1）while 循环。while 循环的语法如下：

```
while( 循环条件 ) {
    // 循环体 ;
    // 语句 (s);
}
```

（2）do-while 循环。do-while 循环能够确保循环体至少执行一次，其语法如下：

```
do {
    // 循环体；
    语句 (s);
} while( 循环条件 );
```

（3）for 循环。for 循环的语法如下：

```
for( 初始化操作 ; 循环条件 ; 每次循环后的操作 ) {
    // 循环体；
    语句 (s);
}
```

for 循环的初始操作可以是由 0 个或多个逗号隔开的语句，循环后的操作可以是由 0 个或多个逗号隔开的语句，例如：

```
for (int k = 1; k < 100; System.out.println(k++));
```

或

```
for (int i = 0, j = 0; (i + j < 10); i++, j++) {
    // 循环体；
}
```

三种循环语句的流程如图 3-5 所示。

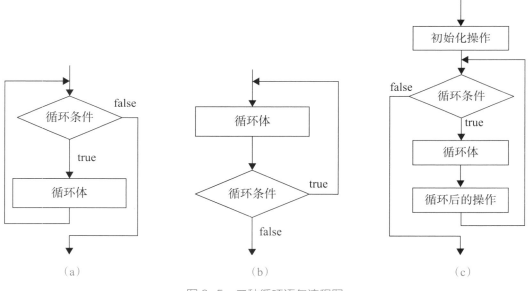

图 3-5　三种循环语句流程图

（a）while 循环；（b）do-while 循环；（c）for 循环

选用循环结构时，建议遵循以下原则：

①如果重复次数已知，用 for 循环；

②如果不知道重复次数，用 while 循环；

③如果在检验循环条件前需要执行循环体，就用 do-while 循环代替 while 循环。

在 Java 中，有三种可以实现跳转功能的语句：break、continue、return。

break 含义：终止本次条件判断，从 switch 语句中退出或终止当前循环，从当前循环中退出。

continue 含义：无条件地使控制语句转移到循环语句的条件判断部分，终止本次循环，直接进入下一次循环。

return 含义：既可以返回方法的结果，也可以直接跳出循环。

## 实验 1　选择语句的使用

知识目标

了解 Java 语言中的 if 语句、if-else 语句、嵌套 if-else 多分支语句和 switch 多分支语句的特性和使用方法。

能力目标

具有使用 Java 语言流程控制语句编写程序的能力。

素质目标

培养创新精神，养成突破陈规、敢于创新的素质。

选择语句的
使用

### 验证性实验——成绩等级判断

设计一个成绩等级判断程序，要求从键盘输入学生的 Java 成绩，判断该学生的成绩等级，成绩级别划分如下：成绩大于等于 90 为 A 级；成绩在 80 到 89 之间为 B 级；成绩在 70 到 79 之间为 C 级；成绩在 60 到 69 之间为 D 级；成绩小于 60 为 E 级。

【参考程序 3.1】

```java
import java.util.Scanner;
public class JavaMultiGrade {
    public static void main(String[] args) {
        Scanner scanner = new Scanner(System.in);
        char grade;
        double score;
        score = scanner.nextDouble();
        if(score>100 || score<0) {              // 判断输入的成绩是否合法
            System.out.println("Illegal input, please reenter");
            System.exit(0);
        }
        // 利用多分支 if-else 语句输出学生的成绩等级
        if(score>=90) {                         // 根据成绩，判断等级为 A
            grade='A';
        }_____ (score>=80&&score<90) {   // 根据成绩，判断等级为 B
            grade='B';
```

```
}_____ (score>=70&&score<80) {        // 根据成绩，判断等级为 C
        grade='C';
    }_____ (score>=60&&score<70) {        // 根据成绩，判断等级为 D
        grade='D';
    } else {                                      // 其他成绩，判断等级为 E
        grade='E';
    }
    System.out.println("Grade is:"+grade);
    }
}
```

成绩等级判断程序的运行结果如图 3-6 所示。

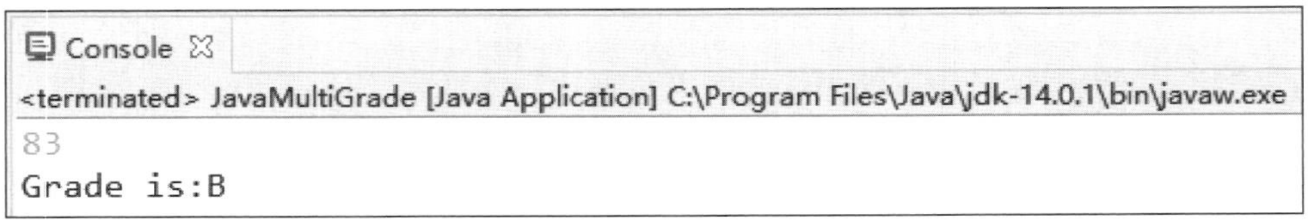

图 3-6　成绩等级判断程序的运行结果

**点拨**

首先利用 Scanner 类创建一个 Scanner 对象，利用 Scanner 对象的 nextDouble() 方法从键盘获取一个输入的浮点数 score。如果 score 大于 100 或者小 0，提示重新输入。利用多分支 if-else 语句将百分制的 score 转为等级制的 grade，最后输出 grade 的结果。

## 验证性实验——回文数判断

回文是指正读反读都一样的句子，如 "天连碧水碧连天" "寒宫对月对宫寒" 等。在数学中也有一类数有这样的特征，这种数被为回文数。假设 n 是一个任意自然数，若 n 的各位数字反向排列所得自然数 m 与 n 相等，则称 n 为回文数。例如，若 n=123454321，则 n 为回文数；但若 n=12345，则 n 不是回文数。从键盘输入一个 1~65 535 之间的数，判断这个数是几位数，并判断这个数是否为回文数。

【参考程序 3.2】

```
public class PalindromeDemo {
    public static void main(String[] args) {
        Scanner input = new Scanner(System.in);
        System.out.println(" 输入 1~65535 之间的整数 ");
        int number = input.nextInt();
        int n1,n2,n3,n4,n5;
        if(number<=65535 && number>=1) {
            n1 = number % 10;
            n2 = number % 100 /10;
            n3 = _____;
            n4 = _____;
            n5 = number / 10000;
            if(n5>0) { //number 是 5 位数
                System.out.println(number + " 是 5 位数 ");
```

```
            if( _____ ) // 判断是否为回文数
                System.out.println(number + " 是回文数 ");
            else
                System.out.println(number + " 不是回文数 ");
        } else if(n4>0) { //number 是 4 位数
            System.out.println(number + " 是 4 位数 ");
            if( _____ ) // 判断是否为回文数
                System.out.println(number + " 是回文数 ");
            else
                System.out.println(number + " 不是回文数 ");
        } else if(n3>0) { //number 是 3 位数
            System.out.println(number + " 是 3 位数 ");
            if(n3==n1)
                System.out.println(number + " 是回文数 ");
            else
                System.out.println(number + " 不是回文数 ");
        } else if(n2>0) { //number 是 2 位数
            System.out.println(number + " 是 2 位数 ");
            if(n2==n1)
                System.out.println(number + " 是回文数 ");
            else
                System.out.println(number + " 不是回文数 ");
        } else { //number 是 1 位数
            System.out.println(number + " 是 1 位数 ");
            System.out.println(number + " 是回文数 ");
        }
    } else {
        System.out.println(number + " 不在 1~65535 之间 ");
    }
  }
}
```

回文数判断程序的运行结果如图 3-7 所示。

```
Console ✕
<terminated> PalindromeDemo [Java Application] C:\Program Files\Java\jdk-14.0.1\bin\javaw.exe
输入1~65535之间的整数
12821
12821是5位数
12821是回文数
```

图 3-7　回文数判断程序的运行结果

⚠点拨

（1）两个整数相除，结果也为整数，如 123/100 的结果为 1，而不是 1.23。

（2）为了计算出 12821 百位上的数字 8，可以先计算 12821%1000 得到 821，然后再计算 821/100 得到数字 8。

## 设计性实验——求解鸡兔同笼问题

《孙子算经》是中国古代重要的数学著作，成书于南北朝时期，其中记载了一个有趣的问题：鸡和兔在同一个笼子里，鸡和兔共有 *n* 条腿，*m* 个头，问鸡和兔各有多少只？请设计一个程序求解决问题，输入总腿数和总头数，可以得出鸡的只数和兔的只数。程序运行结果如图 3-8 所示。

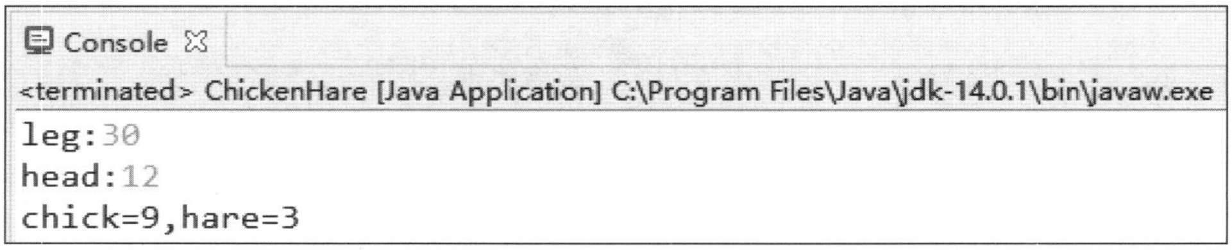

```
Console ⊠
<terminated> ChickenHare [Java Application] C:\Program Files\Java\jdk-14.0.1\bin\javaw.exe
leg:30
head:12
chick=9,hare=3
```

图 3-8　鸡兔同笼问题程序的运行结果

**点拨**

《孙子算经》给出的解题方案是上置头，下置足，半其足，以头除足，以足除头。这种求解方法的公式为：

鸡的只数 =（兔的腿数 × 总只数 − 总腿数）÷（兔的腿数 − 鸡的腿数）。

求完鸡的只数后，兔的只数 = 总只数 − 鸡的只数。

## 设计性实验——用 switch 语句实现成绩等级判断

用 switch 语句实现 Java 课程成绩等级判断，同样要求从键盘输入学生的 Java 课程成绩，判断该学生的成绩等级，大于等于 90 为 Very good，80 至 89 为 Good，70 至 79 为 Medium，60 至 69 为 Pass，小于 60 为 Not passed。程序运行结果如图 3-9 所示。

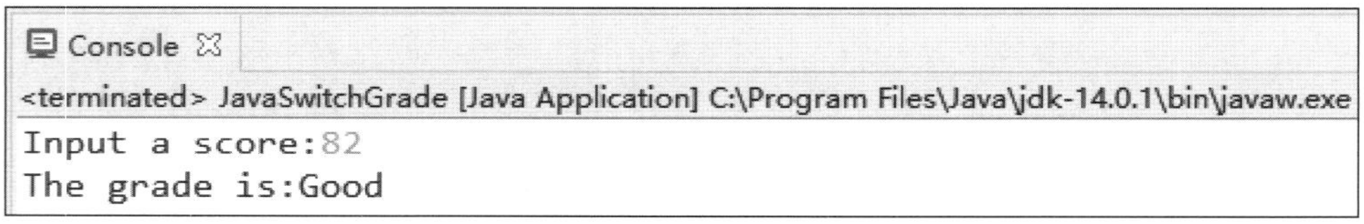

```
Console ⊠
<terminated> JavaSwitchGrade [Java Application] C:\Program Files\Java\jdk-14.0.1\bin\javaw.exe
Input a score:82
The grade is:Good
```

图 3-9　用 switch 语句实现课程成绩等级判断程序的运行结果

**点拨**

首先利用 Scanner 类创建一个 Scanner 对象，利用 Scanner 对象的 nextDouble 方法从键盘获取用户输入的一个实数 score。将 score 转换为 [0,10] 之间的整数。转换后小于 6 的数均可设为 switch 语句的 default 分支。

**小技巧**

在 case 分支中，不能采用 case 1~3 的方式使用连续的数值，可以采用 case 1:case 2:case 3: 的方法。例如，将百分制的分数转换为 [0,10] 的范围后，把 10 和 9 均转换为 "Very good"，可以使用如下方式：

int g=（int)score/10;

case 10:case 9:grade="Very good";

而小于 6 的数，均转化为 "Not passed"，可以使用如下方式：

default:grade="Not passed";

## 设计性实验——猜数游戏

设计一个三位数的猜数游戏，随机生成一个三位数，程序提示用户输入一个三位数，依照以下的规则决定赢取多少奖金。

（1）如果用户输入的数字和随机数字完全一致，输出"恭喜恭喜！完全猜对了！获得三个赞！"。

（2）如果用户输入的数字覆盖了随机生成的所有数字（不论顺序），输出"输入的数字覆盖了随机生成的所有数字！很棒，获得两个赞！"。

（3）如果用户输入的数字匹配了 1 个或 2 个数字，输出"输入的数字匹配了 1 个或 2 个数字！还不错，获得一个赞！"。

（4）如果用户输入的数字在随机数中一个都没有，输出"有点遗憾！下次再来！"。

程序运行结果如图 3-10（a）和 3-10（b）所示。

（a）

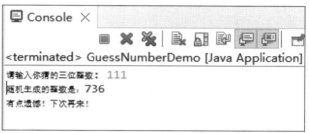

（b）

图 3-10　猜数游戏程序的运行结果

### ⋀点拨

先由程序随机生成一个三位的整数 n，再利用 Scanner 对象的 nextInt() 方法从键盘获取输入的一个三位数 m。声明变量 n1、n2、n3 分别保存各数位的值，声明变量 m1、m2、m3 分别保存输入用户猜想的数字各数位的值。比较 m 和 n 的值或比较各数位的值，输出比较结果。

### ⋀小技巧

可以利用 java.util.Random 类通过实例化一个 Random 对象创建一个随机数生成器。例如生成一个 [100,200) 区间的整数的方法如下：

```
import java.util.Random;
Random random=new Random();
int n = random.nextInt(100)+100;
```

## 设计性实验——求解一元二次方程

怎样求一元二次方程 $ax^2+bx+c=0(a\neq0)$ 在实数域上的解（实根）？

根的求解公式：

$$x = \frac{-b \pm \sqrt{b^2 - 4ac}}{2a}$$

判断式 $\Delta=b^2-4ac$，先判断 $\Delta$，若 $\Delta < 0$，则方程无实根；若 $\Delta= 0$，则方程有两个相同的解，为 $x=-\dfrac{b}{2a}$；若 $\Delta > 0$，则 $x = \dfrac{-b \pm \sqrt{b^2 - 4ac}}{2a}$。

编写程序，提示输入 a、b 和 c 的值，并输出结果。如果 $\Delta$ 为正，打印两个根；如果 $\Delta$ 为 0，打印 1 个根；否则，输出 "No real roots"。

提示：输入 a、b 和 c 的值后，先计算判别式 $\Delta$ 的值，根据判别式的值设计选择语句结构。程序运行结果如图 3-11（a）、图 3-11（b）、图 3-11（c）所示。

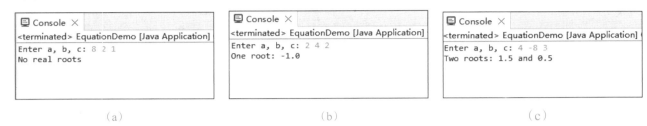

|（a）|（b）|（c）|

图 3-11　求解一元二次方程程序的运行结果

**⚠点拨**

求解平方根可以使用 java.lang.Math 类的 sqrt(double a) 方法。该方法会返回正确舍入的 double 值的正平方根。

**拓展训练**

（1）探索在 switch 语句中，case 语句后不加 break 语句会导致什么结果。

（2）比较多分支 if-else 语句和 switch 语句的异同。

（3）下面语句的输出结果是什么？若有错误，请指出。

```
int a=2,b=1;
if(a>b) {
    System.out.print("a");
}else{
    System.out.print("b");
}
```

## 实验 2　循环语句的使用

循环语句的
使用

**知识目标**

熟练掌握使用 for、while 和 do-while 语句来控制循环；掌握 break 和 continue 的使用方法。

**能力目标**

具有使用 Java 语言循环语句编写程序的能力。

**素质目标**

弘扬奋斗精神，传承中华优秀传统文化。

### 验证性实验——猜数字大小游戏

编制一个程序，用循环控制结构实现简单的猜数字大小游戏，实现如下任务：

（1）由程序随机分配一个 1~100 之间的整数；

（2）用户输入自己猜测的整数；

（3）程序返回提示信息，提示信息分别是"猜大了""猜小了"和"猜对了"；

（4）用户可根据提示信息再次输入猜测数值，直到提示信息是"猜对了"。

【参考程序 3.3】

```java
import java.util.Scanner;
public class GuessNumber {
    public static void main(String[] args) {
        Scanner in = new Scanner(System.in);
        System.out.println(" 给你一个 1 至 100 之间的整数 , 请猜测这个数 ");
        int realNumber = (int) (Math.random() * 100) + 1;
        int myGuess = 0;
        System.out.println(" 输入您的猜测： ");
        myGuess = in.nextInt();
        while (_____) { // 循环条件
            if (_____) { // 条件代码
                System.out.println(" 猜大了 , 再输入你的猜测： ");
            } else {
                System.out.println(" 猜小了 , 再输入你的猜测： ");
            }
            myGuess = in.nextInt();
        }
        System.out.println(" 恭喜你猜对了！ ");
    }
}
```

程序运行结果如图 3-12 所示。

```
□ Console ⋈
<terminated> GuessNumber [Java Application] C:\Program Files\Java\jdk-14.0.1\bin\javaw.exe
给你一个1至100之间的整数,请猜测这个数
输入您的猜测:
8
猜小了,再输入你的猜测:
11
猜小了,再输入你的猜测:
15
猜小了,再输入你的猜测:
50
猜小了,再输入你的猜测:
88
猜大了,再输入你的猜测:
75
猜大了,再输入你的猜测:
67
猜小了,再输入你的猜测:
69
猜小了,再输入你的猜测:
71
猜大了,再输入你的猜测:
70
恭喜你猜对了!
```

图 3-12　猜数字游戏程序的运行结果

首先利用 Math 类的 random() 方法获得一个 [0,1) 之间的随机数，并转换为 [1,100] 之间的整数 realNumber，再从键盘获取输入的一个整数 myGuess。利用 while 循环判断输入的整数 myGuess 与随机生成数 realNumber 的比较结果，如果 myGuess 不等于 realNumber，则一直循环，直到猜对结果为止。如果 myGuess 大于 realNumber，提示"猜大了，再输入你的猜测"；如果 myGuess 小于 realNumber，提示"猜小了，再输入你的猜测"；如果猜出正确结果，提示"恭喜你猜对了！"。

## 验证性实验——求 n1~n2 范围内的素数

素数指的是大于 1 的整数中，只能被 1 和它本身整除的数。判断一个整数 $m$ 是否为素数，只需判断在 [2,$m$−1] 之间是否存在能将 $m$ 整除的整数，如果都不能整除，那么 $m$ 就是一个素数。进一步思考，判断 $m$ 能否被 [2, $m$/2] 区间的整数整除也可以判断出 $m$ 是否为素数。

【 参考程序 3.4 】

```java
import java.util.Scanner;
public class PrimeDemo {
    public static void main(String[] args) {
        Scanner in = new Scanner(System.in);
        System.out.println(" 请输入区间上界：");
        int n1 = in.nextInt();
        System.out.println(" 请输入区间下界：");
        int n2 = in.nextInt();
        int count = 0;
        for (int m = n2; m < n1; m++) {
            // 设置逻辑值 flag，初始化为 true
            boolean flag = true;
            for (int n = 2; n <= m / 2; n++) {
                if (m % n == 0) {  // 若 m 能被 n 整除，则当前数不是素数
                    // 当前数不是素数，则 flag 的值更改为 false
                    flag = false;
                    break; // 跳出当前循环
                }
            }
            // 根据 flag 的结果判断 m 是否是素数
            if (flag) {
                count++;
                System.out.print(m + " ");
                if (count % 10 == 0)
                    System.out.println();
            }
        }
    }
}
```

程序运行结果如图 3-13 所示。

图 3-13　求 n1~n2 范围内素数程序的运行结果

**⚠小技巧**

如果一个数不是素数且不等于 1，那么它的最小质因数小于等于它的平方根。因此，只需判断 $m$ 能否被 $[2, \sqrt{m}]$ 区间内的整数整除即可。

例如整数 77，$\sqrt{77} \approx 8.77$，而 77 能被 $[2, 8.77]$ 之间的整数 7 整除，因此 77 不是素数。根据此思路，上述程序可以怎么改进？

## 设计性实验——求两数之间的奇数和

任意输入两个整数，求两数之间（含两端）的奇数和。程序运行结果如图 3-14 所示。

图 3-14　求两数之间奇数和程序的运行结果

**⚠点拨**

从键盘输入 2 个整数 num1 和 num2。如果 num1 大于 num2，交换 num1 和 num2 的值。求 num1 和 num2 两数之间（含两端）的奇数和。

## 设计性实验——打印数字金字塔

输入数字金字塔图案的行数，打印如图 3-15 所示的数字金字塔。

图 3-15　数字金字塔程序的运行结果

每一行先打印空格；然后打印中心线及左边的数字，右边的数字是左边的 2 倍；再打印中心线右边的数字，左边的数字是右边的 2 倍。

## 设计性实验——输出最大的数及其出现的次数

输入 1 个整数，如果该整数不是 0，则继续输入，直到输入 0 时为止。查找这一组数中最大的数，并输出最大的数出现的次数。如果输入的第一个数为 0，就输出" Only 0 is inputed"。程序运行结果如图 3-16 所示。

```
Console ✕
<terminated> MaxNumberandTimes [Java Application] C:\Program Files\Java\jdk-14.0.1\bin\javaw.exe
Enter an integer, end when the input is 0:7
Enter an integer: 3
Enter an integer: 4
Enter an integer: 9
Enter an integer: 9
Enter an integer: 0
max is:9
The count of the max number is:2
```

图 3-16　输出最大的数及其出现的次数程序的运行结果

维护两个变量 max 和 total。max 存储当前最大的数，total 存储它出现的次数。输入第一个数时，如果该数不为 0，就将第一个数赋给 max，total 赋值为 1。将后面输入的每一个数与 max 进行比较，如果该数大于 max，就将其赋给 max，total 重置为 1；如果该数等于 max，则 total 加 1。

## 设计性实验——求 π 的值

π 的近似值可由如下公式计算：

$$\pi = 4 \times (1 - \frac{1}{3} + \frac{1}{5} - \frac{1}{7} + \frac{1}{9} - \frac{1}{11} + \frac{1}{13} + \cdots + \frac{1}{2n-1})$$

读入一个在 [10 000,100 000] 之内的整数 $n$，求 π 的值。古代人是如何计算圆周率的？魏晋时期数学家刘徽利用割圆术求出了圆周率 π 的近似值，其思路如下：以圆内接六边形开始计算，令边数加倍，以圆内接正 $3 \times 2^n$ 边形的面积为圆面积的近似值，再利用公式 $\pi = \frac{s}{r^2}$ 来得到圆周率 π 的近似值。南北朝时期杰出的数学家、天文学家祖冲之在他的著作《缀术》中计算出圆周率 π 的真值在 3.141 592 6 和 3.141 592 7 之间，相当于精确到小数第 7 位，简化成 3.141 592 6，祖冲之因此入选世界纪录协会中世界第一位将圆周率值计算到小数第 7 位的科学家。古人采用最原始的人工计算，尚能将圆周率计算出这么高的精度，可见他们严谨的科学态度。请设计一个循环程序，通过调整精度对比运行结果。从循环次数可知，每增加一位精度，运算次数就要多几十倍甚至几百倍。程序运行结果如图 3-17 所示。

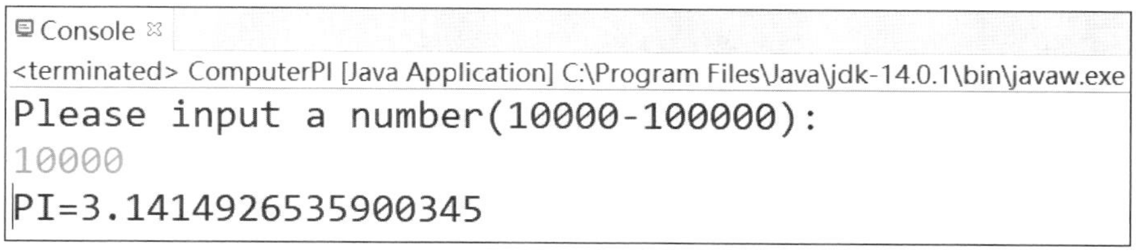

```
Console ⊠
<terminated> ComputerPI [Java Application] C:\Program Files\Java\jdk-14.0.1\bin\javaw.exe
Please input a number(10000-100000):
10000
PI=3.1414926535900345
```

图 3-17　求圆周率 π 程序的运行结果

**⚠点拨**

在求和表达式中，关于每一项的符号值，奇数项是 1，偶数项是 −1，每一项的数值乘以符号值为每一项的修正值。每一项修正值累加求和的 4 倍即为 π 的值。

## 拓展训练

（1）for 循环都可以转换为 while 循环吗？尝试写出初始化条件语句、循环条件判断语句和循环变量修改语句在 for 循环、while 循环中的位置。

（2）用 break 和 break label 分别实现二重循环案例，比较 break 和 break label 的异同。

（3）嵌套循环需要运行较长的时间。考虑如下的三层循环中的输出语句需要执行多少次？如果 1 微秒执行 1 次输出，整个循环需要花费多长时间？

```java
for (int i = 0; i < 10000; i++)
    for (int j = 0; j < 1000; j++)
        for (int k = 0; k < 10000; k++)
            System.out.println("Java");
```

# 第 4 单元 方 法

单元导读 >

Java 是一门面向对象的编程语言，每个对象都有自己的行为，这些行为又称为方法。Java 的方法可以使程序变得更简洁、更清晰，能够提高程序开发的效率，有利于程序维护，提升代码的可重用性。本单元主要讲解方法定义、方法参数传递、方法重载等内容，通过本单元的学习读者可以掌握使用 Java 语言编写方法的能力。

## 知识要点

### 1. 方法的定义

一般情况下，定义一个方法的语法如下：

```
修饰符 返回值类型 方法名 ( 参数类型 参数名 ){
    ......
    方法体
    ......
    return 返回值 ;
}
```

修饰符决定编译器如何调用该方法。其中访问权限修饰符包括 private、default、protected、public。private 表示本类可以访问；default 表示本类和本包可以访问；protected 表示本包、本类和子类可以访问；public 在其他包、本包、本类和子类中都能访问。此外还有静态修饰符 static、最终修饰符 final、抽象修饰符 abstract。

返回值类型用来表述该方法返回值的类型。有些方法仅执行操作，没有返回值，在这种情况下，返回值的类型是 void。

方法名是方法的实际名称。方法名和参数列表共同构成方法签名。

形式参数（形参）列表是由多个形式参数组成的列表。一个方法可以有一个或多个参数，也可以不包含参数。

方法体就是方法包含的语句，用来实现该方法的功能。

一个完整的方法的定义如图 4-1 所示。

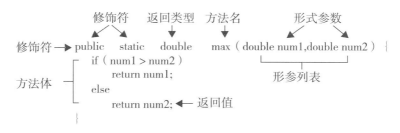

图 4-1　方法的定义

### 2. 方法的调用

方法的调用遵循以下几条基本规则：

（1）定义方法的时候，不会执行方法中的代码，只有方法被调用时才会执行；

（2）方法被调用时，会将实际参数（实参）赋值给形参，也称为参数形实结合；

（3）参数传递完毕后，会执行方法体内的代码；

（4）当方法执行到 return 语句或者执行完毕后，会回到调用位置继续往下执行。

### 3. 方法的重载

方法重载是指在同一个类中，有多个名称相同，但形参列表不同的方法。方法的重载遵循以下几条基本规则：

（1）方法名称必须相同；

（2）参数列表必须不同（参数个数不同，或形参类型不同，或参数排列顺序不同）；

（3）方法返回的类型不作为区分标志。

### 4. 变量的作用域

变量的作用域是程序中该变量可以被引用的部分。局部变量的作用域从该变量的声明处开始，到包含该变量的块结束为止，局部变量必须先声明后使用。

方法内定义的变量被称为局部变量。方法的参数作用范围涵盖整个方法，参数实际上是一个局部变量。在嵌套体中不能声明两次同名的变量。for 循环的初始化部分声明的变量，其作用范围为整个循环。但循环体内声明的变量的作用范围是从它声明的位置到循环体结束。

## 实验　方法的使用

知识目标

掌握方法的定义、方法的调用、方法的重载以及变量的作用域，了解如何使用 Math 类中的方法。

能力目标

学会创建方法、调用方法、给方法传递参数。

素质目标

培养持之以恒、坚持不懈的奋斗精神。

方法的使用

### 验证性实验——整数的倒置

要求使用递归编写方法 reverse(int number)，实现整数的倒置，并编译运行该程序。

【参考程序 4.1】

```
import java.util.Scanner;
public class GetReverse {
    public static void reverse(int number) {          //reverse 方法的实现
        if (number < 10) {                            // 判断 number 的值
            System.out.print(number);
        } else {
            int num = number % 10;
            System.out.print(num);
            number /= 10;
            _____; // 递归方式实现，number/10 得到去掉最后一位的数
        }
    }
    public static void main(String[] args) {
        System.out.println(" 请输入任意整数： ");
        Scanner scanner;
        scanner = new Scanner(System.in);
        int intNumber = _____; // 获得一个整数
        System.out.println(" 倒置后的整数为： ");
        reverse(intNumber);
    }
}
```

程序运行结果如图 4-2 所示。

图 4-2　整数倒置程序的运行结果

⚠点拨

（1）自定义方法 reverse(int number) 完成独立的操作，输出结果后不需要返回，因此 reverse(int number) 方法的返回值类型是 void。

（2）递归就是指在方法体的内部直接或间接调用当前方法自身。使用递归必须有递归的规律以及退出条件。在本实验中，若满足 number<10，即满足退出条件，执行完语句体后，方法结束调用；否则，继续调用方法。

## 验证性实验——判断闰年

编写一个判断是否为闰年的 isLeapYear(int year) 方法和一个计算一年的天数的 numberOfDays(int year) 方法。编写一个测试程序，显示 2018 年至 2023 年每年的天数。

【参考程序 4.2】

```java
public class DaysInYear {
    public static void main(String[] args) {
        for (int year = 2018; year <= 2023; year++) {
            System.out.println(year + " has " + numberOfDaysInAYear(year));
        }
    }
    // 计算一年的总天数的方法
    public static int numberOfDaysInAYear(int year) {
        if (_____) {  // 是闰年
            return 366;
        } else {
            return 365;
        }
    }
    // 判断是否是闰年的方法
    static boolean isLeap(int year) {
        return year % 400 == 0 || (year % 4 == 0 && year % 100 != 0);
    }
}
```

程序运行结果如图 4-3 所示。

```
Console ⋈
<terminated> DaysInYear [Java Application] C:\Program Files\Java\jdk-14.0.1\bin\javaw.exe
2018 has 365
2019 has 365
2020 has 366
2021 has 365
2022 has 365
2023 has 365
```

图 4-3　计算 2018 年至 2023 年每年的天数程序的运行结果

## 设计性实验——求不同类型数的立方值

int 类型、float 类型和 double 类型的数，对它们求立方值，得到的数值类型也是不一样的，但计算方法是一样的。设计一组计算不同类型数的立方值的重载方法 xxx cube(xxx value)，实现求不同类型的数的立方值。

求不同类型数的立方值程序的运行结果如图 4-4 所示。

```
Console ⋈
<terminated> NumCube [Java Application] C:\Program Files\Java\jdk-14.0.1\bin\javaw.exe
请输入一个整数：3
调用int cube()方法
a的立方是：27
请输入一个单精度浮点数：4.1
调用float cube()方法
b的立方是：68.921
请输入一个双精度浮点数：2.2
调用double cube()方法
c的立方是：10.648000000000003
```

图 4-4　求不同类型数的立方值程序的运行结果

⚠️**点拨**

（1）重载的方法必须具有不同的参数列表，不能基于不同修饰符或返回值类型来重载方法。

（2）可以使用 Math 类中的 Math.pow(x,y) 方法求 x 的 y 次幂。

## 设计性实验——打印乘法表

定义一个用来打印任意行数乘法表的方法 void printMultiple(int row)。输入行数后的运行结果如图 4-5 所示。

```
Console ⊠
<terminated> PrintMultiplication [Java Application] C:\Program Files\Java\jdk-14.0.1\bin\javaw.exe
输入行数：6
1*1=1
1*2=2    2*2=4
1*3=3    2*3=6    3*3=9
1*4=4    2*4=8    3*4=12   4*4=16
1*5=5    2*5=10   3*5=15   4*5=20   5*5=25
1*6=6    2*6=12   3*6=18   4*6=24   5*6=30   6*6=36
```

图 4-5　打印任意行数乘法表程序的运行结果

## 设计性实验——求反素数

反素数即逆向拼写的素数，是指一个素数将其逆向之后也是一个素数的非回文素数。例如 17 是一个素数，71 也是一个素数，所以 17 和 71 是反素数。编写程序，设计一个判断素数的方法 isPrime(int num) 和一个倒置数的方法 reversal(int number)，显示前 30 个反素数，每行显示 10 个。程序运行结果如图 4-6 所示。

```
Console ⊠
<terminated> IsAntiPrime [Java Application] C:\Program Files\Java\jdk-14.0.1\bin\javaw.exe
13  17  31  37  71  73  79  97  107 113
149 157 167 179 199 311 337 347 359 389
701 709 733 739 743 751 761 769 907 937
```

图 4-6　求反素数程序的运行结果

⚠️**点拨**

设计判断素数的方法以及数字逆向的方法时，先判断该数是否为素数，再判断逆向后是否为素数，注意反素数是非回文素数。

## 设计性实验——查看移动通信技术的特点和代表公司

5G 是第五代移动通信技术（5th-generation mobile communication technology）的简称。它是最新一代蜂窝移动通信技术，是 2G、3G、4G 的升级版，具有高速率、低延迟、高带宽、大容量、零卡顿等优点。请设计一组重载方法，查看各代移动通信技术的特点和代表公司。重载方法的方法头定义如下：

```
void newFeaturesOfMCT(int generation)
void newFeaturesOfMCT(int generation,int company)
```

各代移动通信技术的特点和代表公司的信息如表 4-1 所示。程序运行的结果如图 4-7 所示。

表 4-1　各代移动通信技术的特点和代表公司

| 第几代 | 特点 | 代表公司 |
| --- | --- | --- |
| 1G | 只能传输语音流量 | 摩托罗拉 |
| 2G | 手机能上网了 | 诺基亚 |
| 3G | 能够同时传输声音及数据信息 | 高通 |
| 4G | 能够快速传输数据、音频、视频和图像 | 苹果 |
| 5G | 高速率、低延迟、系统容量大和万物互联 | 华为 |

```
Console ✕
<terminated> MobileNetworks [Java Application] C:\Program Files\Java\jdk-14.0.1\bin\javaw.exe
请输入参数个数：1
请输入1-5的数字，表示查看第几代移动通信技术：4
4G移动通信技术
```

（a）

```
Console ✕
<terminated> MobileNetworks [Java Application] C:\Program Files\Java\jdk-14.0.1\bin\javaw.exe
请输入参数个数：2
请输入1-5的数字，表示查看第几代移动通信技术：3
请输入数字10或20，10表示查看某代移动通信技术的特点，20表示查看某代移动通信技术的代表公司：10
3G移动通信技术，特点：能够同时传送声音及数据信息。
```

（b）

```
Console ✕
<terminated> MobileNetworks [Java Application] C:\Program Files\Java\jdk-14.0.1\bin\javaw.exe
请输入参数个数：2
请输入1-5的数字，表示查看第几代移动通信技术：5
请输入数字10或20，10表示查看某代移动通信技术的特点，20表示查看某代移动通信技术的代表公司：20
5G移动通信技术，代表公司：华为。
```

（c）

图 4-7　查看移动通信技术的特点和代表公司程序的运行结果

**⚠点拨**

在重载方法中，可以通过 switch 语句实现相应功能。

## 拓展训练

（1）将基本数据类型作为参数传递和将引用类型作为参数传递有什么不同？试通过两数交换的案例进行分析。

（2）可变参数是 JDK 1.5 之后追加的一个新特性，其最主要的功能是解决多个参数进行统一设置的问题。在整个 Java 内部以及后续要学习的开发框架里面都有可变参数的身影。试分析方法中的可变参数是如何定义的？若方法中有多个参数，可变参数如何设置？

# 第 5 单元
# 数 组

**单元导读**

　　在程序执行过程中经常需要存储大量的数据，这时就需要一个高效的存储结构。在使用复杂存储结构的过程中，要有大胆探索的意识。Java 的数组就是一个用来存储个数固定且类型相同的元素的有序集合。数组里的每个元素都有编号，操作其中的元素非常方便。数组本身是引用类型，而数组中的元素可以是任意数据类型，包括基本数据类型和引用类型。本单元练习利用数组解决问题，通过本单元的学习读者可以掌握具有数组参数和数组返回值方法的使用。

## 知识要点

1. 一维数组

（1）数组的声明和创建。数组是一个变量，它可以连续存储相同数据类型的数据。数组的结构如图 5-1 所示。

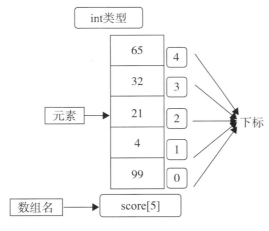

图 5-1　数组的结构

声明数组：

```
int[] score;
```

分配空间：

```
score = new int[5];
```

38

声明数组并分配空间：

> 数据类型 [] 数组名 = new 数据类型 [ 空间大小 ];

例如：

> int[] score = new int[5];

（2）为数组赋值。为数组赋值通常采用以下两种方式。

方法 1：初始化时直接赋值。

> int[] score = new int[]{33,3,23};
> int[] score2 = {32,11,6}; // 简写形式

方法 2：通过数组下标赋值。

> int[] score3 = new int[10];
> score3[0] = 1;
> score3[1] = 2;
> score3[3] = 3;

（3）数组参数传递。对于基本数据类型的参数，传递的是实参的值。对于数组类型的参数，传递的是数组的引用地址，给方法传递的也是这个引用地址。声明的基本类型变量和数组变量均存放在栈中，数组分配空间时在堆中开辟空间存放数组元素。数组作为参数传递时，实参和形参都指向堆中的同一内存空间，如图 5-2 所示，形参数组内容的改变会影响实参数组内容，因为它们指向同一内存空间。

栈存储的特点：栈存储遵循先进后出的原则，栈中存储的都是局部变量，变量一旦超出了自己的作用域，就会立即从内存中消失，释放内存空间。

堆存储的特点：堆存储的都是对象数据，对象一旦被使用完，并不会马上从内存中消失，而是等待 Java 的垃圾回收机置不定时地回收垃圾对象，此后该对象才会消失，释放内存空间。

凡是以 new 关键字创建的对象，JVM（Java virtual machine，Java 虚拟机）都会在堆内存中开辟一个新的空间存放该对象。如果没有变量引用对象，那么该对象就是一个垃圾对象了。

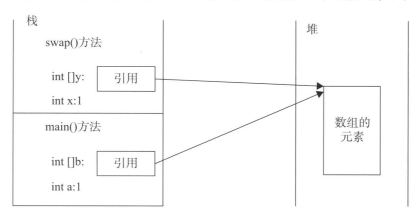

图 5-2　数组参数传递示意

2. 多维数组

声明二维数组变量：

> 数据类型 [][] refVar;

创建一个数组并把它的引用地址赋给变量名：

```
refVar = new 数据类型 [10][10];
```

二维数组的声明和创建语句：

```
数据类型 [][] refVar = new 数据类型 [10][10];
```

例如创建一个 10 行 10 列的二维数组 matrix：

```
int[][] matrix = new int[10][10];
```

给 matrix 赋初值，每个元素随机赋 0~999 之间的整数：

```
for (int i = 0; i < matrix.length; i++)
    for (int j = 0; j < matrix[i].length; j++)
        matrix[i][j] = (int)(Math.random()*1000);
```

# 实验　数组的使用

### 知识目标
掌握数组的声明、数组的初始化、数组的复制等内容，掌握具有数组参数和返回值为数组的方法的使用；了解 java.lang.Math 类的 random() 方法并利用 java.util.Random 类处理实际问题；了解并掌握增强 for 循环，并利用其访问数组元素。

数组的使用

### 能力目标
能够利用数组来解决多变量、多数据的存储问题。

### 素质目标
激发追求真理、探索未知的兴趣，培养敢为人先的首创精神。

## 验证性实验——数组为参数的方法重载

编写一个程序，声明两个数组，输入第 1 个数组的长度 len1，生成 0~9 之间的 len1 个随机整数并保存到 int 型数组 arr1 中，输入第 2 个数组的长度 len2，生成 len2 个浮点数并保存到 double 型数组 arr2 中。然后编写两个重载方法，方法头定义如下：

```
public static double average(int[] arr)
public static double average(double[] arr)
```

分别调用两个方法显示两个数组的平均值。

【参考程序 5.1】

```
import java.util.Scanner;
public class RandomAve {
    public static void main(String[] args) {
        Scanner input = new Scanner(System.in);
        System.out.print(" 输入数组 arr1 的长度：");
        int len1 = input.nextInt();
        int[] arr1 = new int[len1];
        for (int i = 0; i < len1; i++) {
```

```
                arr1[i] = (int)(Math.random() * 10);
            }
            System.out.print(" 自动生成的 arr1 的 "+len1+" 个整型元素是：");
            for (int i = 0; i < arr1.length; i++) {
                System.out.print(arr1[i]+" ");
            }
            System.out.println();
            System.out.print(" 输入数组 arr2 的长度：");
            int len2 = input.nextInt();
            double[] arr2 = new double[len2];
            System.out.print(" 输入 arr2 的 "+len2+" 个浮点数：");
            for(int i = 0; i < arr2.length; ++i) {
                arr2[i] = input.nextDouble();
            }
            System.out.println("arr1 的平均值是：" + average(arr1));
            System.out.println("arr2 的平均值是：" + average(arr2));
        }
        public static double average(int[] arr) {
            int sum = 0;

            for(int i = 0; i < arr.length; ++i) {
                sum += arr[i];
            }
            return (double)sum / arr.length;
        }
        public static double average(double[] arr) {
            doubie sum = 0.0;
            for(int i = 0; i < arr.length; ++i) {
                sum += arr[i];
            }
            return sum / arr.length;
        }
    }
```

求平均值程序的运行结果如图 5-3 所示。

```
🖥 Console  ✕
<terminated> RandomAve [Java Application] C:\Program Files\Java\jdk-14.0.1\
 输入数组  arr1  的长度：5
 自动生成的  arr1  的 5 个整型元素是：3 8 9 3 2
 输入数组  arr2  的长度：6
 输入  arr2  的 6 个浮点数：5.1 3.23 2.0 9.2 5.3 4.3
arr1 的平均值是：5.0
arr2 的平均值是：4.855
```

图 5-3　求平均值程序的运行结果

⚠点拨

（1）给数组分配空间时，必须指定数组能够存储的元素个数来确定数组大小。创建数组之后不能修改数组的大小。可以使用 length 属性获取数组的大小。

（2）数组作为参数时，参数值是数组的引用地址，传递给方法的是这个引用地址，即方法中的数组和传递的数组是同一个。

## 验证性实验——冒泡排序

编写一个程序，实现以下功能：

（1）从控制台输入 *n* 个整数，并将它们存放在一个数组中；

（2）用冒泡排序的方法对这些数字进行排序，并输出到控制台。

【参考程序 5.2】

```java
import java.util.Scanner;
public class BubbleSort {
    public static void main(String[] args) {
        Scanner scanner;
        int[] myList;
        scanner = new Scanner(System.in);
        System.out.println(" 请输入数组元素个数： ");
        int n = scanner.nextInt();
        myList = new int[n];
        System.out.println(" 请输入 " + n + " 个整数： ");
        for (int i = 0; i < n; i++) {
            myList[i] = scanner.nextInt();
        }
        bubbleSort(myList); // 对 myList 数组进行冒泡排序
        System.out.println(" 排序后的结果是： ");
        for (int i = 0; i < myList.length; i++) {
            System.out.print(myList[i] + "  ");
        }
        System.out.println();
    }

    // 对 n 个整数进行冒泡排序
    public static void bubbleSort(int[] list) {
        int temp;
        for (int i = 1; i < list.length; i++) {
            for (int k = 1; _____) {
                if (list[k] < list[k - 1]) {
                    temp = list[k];
                    list[k] = list[k - 1];
                    list[k - 1] = temp;
                }
            }
        }
    }
}
```

冒泡排序程序运行结果如图 5-4 所示。

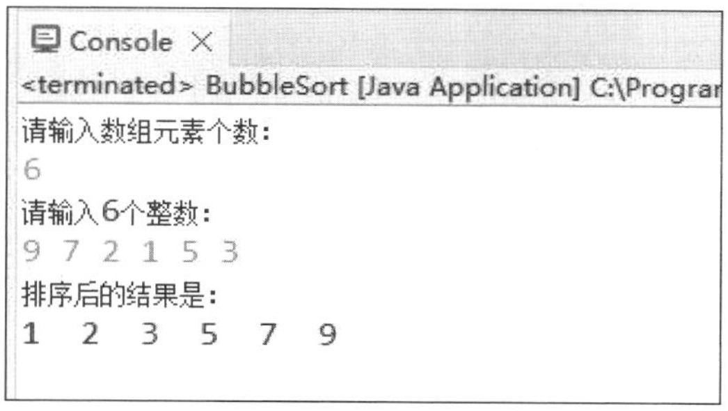

图 5-4　冒泡排序程序运行结果

　　冒泡排序是常用的简单排序方法，冒泡排序的基本思想：比较相邻的两个元素值，如果满足条件就交换，把较小的元素移动到数组前面，把较大的元素移动到数组后面（也就是交换两个元素的位置），这样数组元素就像气泡一样从底部上升到顶部。

　　另一种简单排序方法是选择排序，选择排序的基本思想：第一次从待排序的数据元素中选出最小（或最大）的一个元素，存放在数组的起始位置，然后再从剩余的未排序元素中寻找最小（大）元素，放到已排序的序列的末尾，以此类推，直到全部排序完成。选择排序的典型示例如下：

【参考程序 5.3】

```java
void selectionSort(int[] arr){
    for(int i = 0; i < arr.length - 1; i++){
    int min = i;
    for(int j = i + 1; j < arr.length; j++){
        if(arr [min] > arr [j]){
            min = j;
        }
    }
    if(min != i){
        int temp = arr [i];
        arr [i] = arr [min];
        arr [min] = temp;
        }
    }
}
```

　　在每趟排序中，冒泡排序可能交换多次，选择排序只交换一次。

## 设计性实验——竞赛评分

　　在计算竞赛评分时，评分规则要求去掉一个最高分和一个最低分，根据剩余的分数求出平均分（保留两位小数输出）。请根据要求设计一个程序计算竞赛评分，程序运行结果如图 5-5 所示。

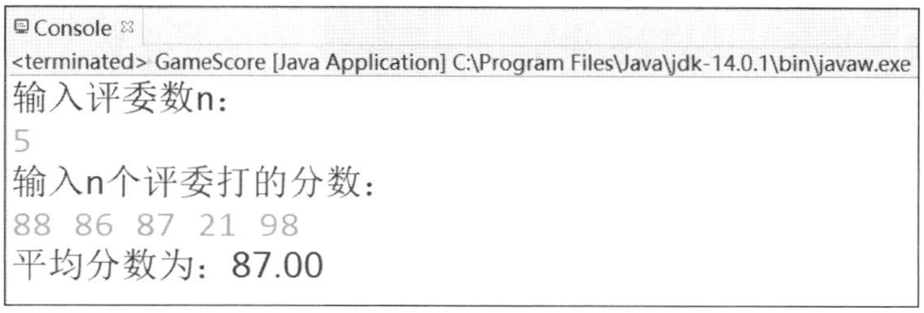

图 5-5　竞赛评分程序的运行结果

> ⚠️**点拨**
>
> 数据输入到 data 数组中后，可以采用 Arrays.sort(data) 语句对 data[] 数组进行排序，排序后去掉最高分和最低分，即可得到竞赛的平均分。

## 设计性实验——增强 for 循环求和

从控制台输入 $n$ 个整数，并将它们存放在一个数组中。请采用增强 for 循环遍历数组，计算 $n$ 个数的和，程序运行结果如图 5-6 所示。

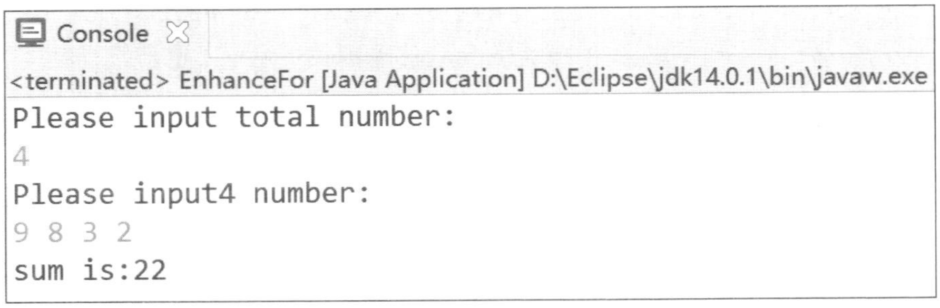

```
🖥 Console ✕
<terminated> EnhanceFor [Java Application] D:\Eclipse\jdk14.0.1\bin\javaw.exe
Please input total number:
4
Please input4 number:
9 8 3 2
sum is:22
```

图 5-6　增强 for 循环求 $n$ 个数的和程序的运行结果

> ⚠️**点拨**
>
> Java 引入了一种主要用于数组或集合的增强 for 循环，其语法格式如下：
>
> for( 语句声明：表达式 ){
>
> 　// 代码语句；
>
> }

增强 for 循环的声明语句用来声明新的局部变量，该变量的类型必须和数组的类型匹配。其作用域限定在循环语句块内，其值和数组元素的值相等。

增强 for 循环的表达式用来指代要访问的数组名。

例如，声明一个数组并赋初值，用增强 for 循环计算数组中元素的累加和：

```java
int [] arr = {1,2,3,4,5};
int sum=0;
for(int a:arr) {
    sum += a;
}
```

## 设计性实验——用二维数组模拟批改成绩

假设某次家庭作业有 10 道题目，标准答案为 A、B、A、D、C、C、B、A、D、C。请设计一个程序，输入学生数 $m$，随机生成 $m$ 个学生的答案，实现在控制台中随机输出 $m$ 个学生的成绩，并对学生的答案进行批改，程序运行结果如图 5-7 所示。

```
Console
<terminated> MarkHomework [Java Application] C:\Program Files\Java\jdk-14.0.1\bin\javaw.exe
输入学生数m：
5
A B C B A A D D D B
D C A B D D D D B C
D C A A D C B B C C
C B B A D D D D A D
D A C D A A B A B B
标准答案是：
A B A D C C B A D C
第1个学生的成绩是：3分
第2个学生的成绩是：2分
第3个学生的成绩是：4分
第4个学生的成绩是：1分
第5个学生的成绩是：3分
```

图 5-7　批改成绩程序的运行结果

⚠**点拨**

（1）该实验会用到二维数组。可以先声明一个二维数组 char[][] stuAnswers，其大小由学生数和题目数决定，可利用一个二重循环将随机生成的答案保存在数组中。

（2）Random 类是 java.util 包下的一个根据随机算法得到随机数字的方法。

Random 类共有两个构造方法：

public Random()，该构造方法以系统自身的时间为基础数来构造 Random 对象；

public Random(long seed)，该构造方法以用户选定的具体的种子来构造 Random 对象。

Random 类的主要方法：

random.nextInt()，返回值为整数，范围是 int 类型；

random.nextDouble()，返回值为双精度浮点数，范围是 [0.0,1.0)；

random.nextBoolean()，返回值为 boolean 值，true 和 false 的概率各为一半；

radom.nextGaussian()，返回值为呈正态分布的 double 值，其平均值是 0.0，标准差是 1.0。

在本题目中，随机生成字符 'A'、'B'、'C'、'D' 中的任意一个字母，可以使用如下语句：

```
Random random = new Random();
StuAnswers[i][j] = (char)(65+random.nextInt(4));
```

## 设计性实验——消除重复值

使用下面的方法头编写方法，消除数组中重复出现的值。先输入 1 个整数 n，然后再输入 n 个数，程序输出去除重复数后的结果。

```
public static void int[] removeDuplicate(int[] number)
```

消除重复值程序的运行结果如图 5-8 所示。

```
Console
<terminated> RemoveDuplicateDemo [Java Application] C:\Program Files\Java\jdk-14.0.1\bin\javaw.exe
Enter n: 8
Enter n numbers: 5 2 7 3 2 5 5 3
The number of distinct values is 4
5 2 7 3
```

图 5-8　消除重复值程序的运行结果

⚡点拨

（1）在设计 removeDuplicate() 方法时，首先声明一个临时数组 temp，其大小与数值 number 的大小相同。在遍历 number 数组中的元素时，查看 number 中第 i 个元素是否在 temp 中，若不在，就添加到 temp 中，同时记录添加的数量 size，若在就继续查看下一个。最后声明一个数组 result，把 temp 中的前 size 个元素复制到 result 中，即为去除重复值后的结果。

（2）查看 number[] 中第 i 个元素是否在 temp 中，可以设计一个独立的方法，方法头如下：

public static int linearSearch(int[] list, int key)

该方法通过参数 list 和 key 来判断，若 key 在 list 中，返回 key；若 key 不在 list 中，返回 −1。

## 设计性实验——奇偶 0、1 矩阵

编写程序，输入一个数值 $n$，产生一个 $n \times n$ 的填满 0 或 1 的二维矩阵，显示该矩阵，检测是否每行及每列中有奇数（偶数）个 1。程序的运行结果如图 5-9 所示。

```
🖳 Console ⊠
<terminated> OddMatrix [Java Application] C:\Program Files\Java\jdk-14.0.1\bin\javaw.exe
请输入矩阵的宽度n：4
0 1 0 1
1 0 0 0
1 0 0 0
1 0 1 1
行之和不全为奇数
列之和不全为奇数
```

（a）

```
🖳 Console ⊠
<terminated> OddMatrix [Java Application] C:\Program Files\Java\jdk-14.0.1\bin\javaw.exe
请输入矩阵的宽度n：3
1 1 1
1 1 1
0 1 0
行之和全为奇数
列之和不全为奇数
```

（b）

图 5-9　奇偶 01 矩阵的运行结果

（a）行和列之和均不全为奇数；（b）行之和全为奇数，列之和不全为奇数

⚡点拨

分别设计判断所有行有奇数个 1 的方法和所有列有奇数个 1 的方法。以判断所有行有奇数个 1 的方法为例，就某行来说，元素的值为 0 或 1，可以将该行所有的元素求和，“sum%2=0”表示 sum 是偶数并返回 false，函数结束，如果行之和全为奇数，则函数返回 true。

判断是否所有行有奇数个 1 的方法 isRowEvenParity() 部分代码如下所示：

```java
public static boolean isRowEvenParity (int[][] matrix) {
    // 检测是否每行及每列中有奇数个 1
for (int i = 0; _____ i++) {
    int sum = 0;
    for (int j = 0; _____ j++)
        _____
        if (sum % 2 == 0)
            return false;
    }
    return true;
}
```

## 设计性实验——查找连续 $N$ 个相等的数

103 型计算机（103 机），又名八一型计算机或者 DJS-1 型计算机，是我国第一台通用数字电子计

算机。中国科学院计算技术研究所于 1958 年成功运行了一个只有四条指令的短程序，这标志着中国第一台计算机的诞生。103 机最初采用的是磁鼓存储器，运算速度为每秒 30 次，后来使用自行设计研发的磁芯存储器，运算速度提高到每秒 1 800 次。请尝试编写一个程序，判断长度为 $M$ 的一组数中是否有连续 $N$ 个相等的数。程序首先提示输入数组的长度 $M$，再输入 $N$，最后输入 $M$ 个数，输出是否有连续 $N$ 个相等的数。程序运行结果如图 5-10 所示。

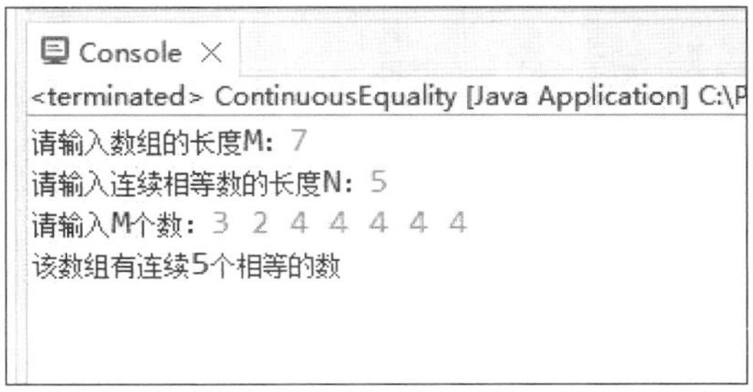

（a） 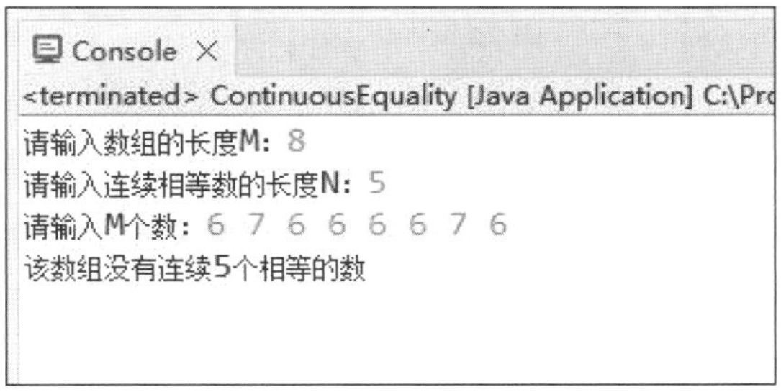　　　　　　　　　　　　　（b）

图 5-10　查找连续 $N$ 个相等的数程序运行结果

**⚠点拨**

判断在数组中是否存在连续 $N$ 个相等的数需要从每一个元素开始判断是否有连续 $N$ 个相等的数。设数组名为 arr，则数组的长度为 arr.length。即使最后 $N$ 个数是连续相等的数，也只需检查前 arr.length $- N$ 个数里是否有从某个元素开始的连续 $N$ 个相等的数。若编写一个独立的方法 isConsecutiveN() 实现判断是否有连续 $N$ 个相等的数，可以按如下思路编写。

isConsecutiveN() 包含两层循环语句，其中外层循环决定需要检查多少遍，从第 0 个元素开始检查，到第 arr.length $- N$ 个元素结束；内层循环检查从某元素开始的 $N$ 个连续的数是否相等，从第 i 个元素开始，到第 i + n $- 2$ 个元素结束。

**⚠注意**

判断相邻的两个数是否相等，常用 arr[j] != arr[j + 1] 的方式判定，此时要特别注意数组越界的情况，防止数组越界的最佳办法是控制好循环条件。例如在 isConsecutiveN() 方法中，内层循环条件采用 j < i + n $- 1$ 而不是 j < i + n。

**📖拓 展 训 练**

（1）当方法返回一个数组时，返回的其实是数组的引用地址。设计一个方法，返回与一个数组相反的数组。

（2）Java 将可变参数视为数组，方法中的可变参数声明如下：

```
数据类型 … parameterName
```

在方法声明中，声明可变参数时，指定类型后要紧跟着"…"。只能在方法中指定一个可变参数，而且必须是最后一个参数。设计一个方法，实现在一组数中查找最大的一个数，其方法头：

```
public static void max(double … arr)
```

# 第6单元

## 对象和类

### 单元导读

Java 中的类是在抽象事物共有属性和行为的基础上封装形成的一个语言实体，以便于规范成员的使用和在更高级别上复用代码，对象是类的实例化的产物。在本节实验中，读者需要在学习 Java 类和对象的语法规范的基础上，深刻认识它们的本质，体会数据和操作的绑定对数据操作安全性的影响，体会用类对数据和操作进行封装的好处。"立善法于天下，则天下治；立善法于一国，则一国治。"同理，设计良好的类可以规范代码间的关系，能够使得 Java 程序代码易于维护。

## 知识要点

### 1. 定义类

面向对象程序设计就是使用对象进行程序设计。对象表示现实世界中确定的一个实体。每个对象都有自己的属性和行为，对对象的公共属性和行为进行抽象并将它们封装在一起就形成了类。

对象的属性是用可以被表示为特定数据类型的数据域表示的。例如，学生有一个数据域 age，它表示学生的年龄。二维坐标系中的点有数据域 $x$、$y$，它们分别表示点的横坐标和纵坐标。类中的数据域可以是常量也可以是变量。

对象的行为是由方法描述的。通过调用对象的方法来完成对象行为，如可以获取学生年龄的 getAge() 和判断学生是否成人的 isAdult()。类中还有一种特殊的方法，称为构造方法，它的作用是告诉编译器在实例化类对象时，采用何种方式进行创建。这种方法在形式上没有返回值类型并且方法名需要跟类名保持一致。

程序员经常利用构造方法对新建的对象进行初始化工作。根据不同的业务需求，在设计类时可以通过方法重载的形式设计出多个构造方法，当然也可以不定义任何构造方法，这时编译器会自动提供一个默认的构造方法。

使用统一建模语言（unified modeling language，UML）可以帮助程序员设计类。UML 有助于设计人员梳理类的各个成员，能够直观地查看数据域和方法，UML 类图的设计如图 6-1 所示。

单个类设计的一般过程如下：

（1）确定类名，确定类中有哪些类成员属性，有哪些类成员方法；

（2）确定类的属性初始化，类成员属性的初始化工作由谁来完成，什么时候实施；

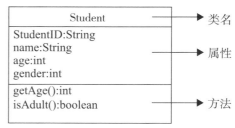

图 6-1　UML 类图设计

（3）确定类成员的访问控制修饰符，类成员的访问控制形式是怎么样的，即类成员哪些是可以被外界访问的，以什么形式访问，哪些是只能在类内被直接访问的。

2. 对象的创建和使用

通常类必须经过实例化对象后才能被使用。实例化对象需要使用 new 关键字调用构造方法实现。对象创建成功后，可以使用点操作符直接访问对象的数据和方法（不是 protected 修饰的属性或方法）。如果对象需要在多处使用，则需要通过引用变量保存对象实例的引用。例如，根据学生类 Student 实例化一个对象 zhangsan，对象 zhangsan 可以通过点操作符访问成员属性 zhangsan.age 和成员方法 zhangsan.getAge()。

另外，Java 会对成员变量进行默认初始化。int 类型的变量默认初始化为 0，double 类型的变量默认初始化为 0.0，引用类型的变量默认初始化为 null，布尔类型的变量默认初始化为 false，读者可以通过以下程序验证 int 类型的变量的初始化。

```
Student zhangsan=new Student();
zhangsan.studentID="20220123456789";
zhangsan.age=19;
zhangsan.name="zhangsan";
System.out.println("zhangsan age is "+zhangsan.getAge());
if(zhangsan.gender==0)          //zhangsan gender is male.
        System.out.println("zhangsan gender is male.");
```

3. 访问控制方式

类的作用不仅仅限于将属性和行为进行集中，更重要的是约束数据和行为。这种集中和约束有助于规范类的实例化对象，让它按照设计者的意图实现操作。在 Java 中，访问控制是通过关键字 static、package、public、protected、private 和 default 共同作用形成的。

（1）static 关键字。使用 static 修饰的数据域或方法称为静态成员。这些静态成员是由类及其对象共同维护的。静态成员可以通过类名的点运算符直接使用。静态成员变量在类加载时就生成内存空间，该空间在程序结束前不会被系统回收。静态方法只能访问静态成员变量和静态方法。

（2）package 关键字。在大规模的程序开发中，仅使用类名来区分类是困难的。为此引入包名作为类名的限定，形成"包名 . 类名"的命名结构。包名在命名过程中采用小写字母，包名可以有多个层次，每个层次用"."进行连接。在定义类时，在程序文件的第 1 行使用 package 为类设置包名，如" package com.project.module;"。在文件系统中观察到上述类文件应该被创建在 com/project/module 目录下，如图 6-2 所示。

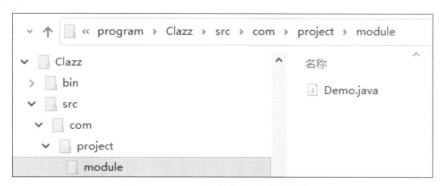

图 6-2　Java 包在文件系统中的位置

有包名的类，它的完整类名就应该是"包名 . 类名"的形式。例如完整的类名 com.project.module. ClassName，其中 com 表示公司，project 表示项目，module 表示模块，ClassName 表示具体的类。当然包名的命名规则可以视具体情况而定。

当在 Java 程序文件中需要使用到其他包中的类时，就需要在该 Java 程序文件的头部通过 import 关键字告诉编译器引入指定的包，比如如下程序中的第 3、4 行代码：第 3 行代码引入指定的包中的指定类；第 4 行代码通过 * 引入指定包中的所有类。

```
package com.project.module;

import java.util.Scanner;// 引入指定包中的指定类
import java.io.*;// 引入指定包中的所有类

public class PackageClassDemo {
    public static void main(String[] args) {
        // TODO Auto-generated method stub
        Scanner sc=new Scanner(System.in);
        System.out.print("enter a file path:");
        String path=sc.next();
        File file=new File(path);
        if(!file.exists()) {
            System.out.println("file "+path+" isn't exist.");
        }else if(file.isDirectory()) {
            System.out.println("file "+path+" is directory.");
        }else {
            System.out.println("file "+path+" is file.");
        }
    }
}
```

（3）前面设计的类实现了数据和行为的集中，要进一步实现数据和行为的绑定约束，数据和方法就必须要借助访问控制关键字 public、protected、private 和 default。

public 关键字约束的成员可以被任意位置的类对象直接访问；default 关键字约束的成员可以被包内的类对象直接访问，如果不写其他关键字，默认为 default；protected 在类成员可访问性上同 default；private 关键字约束的成员不能被类对象直接访问。不同访问控制方式约束下的成员可见性如表 6-1 所示。

表 6-1　不同访问控制方式约束下的成员可见性

| 修饰符 | 同一个类 | 同一个包内 | 子类 | 其他包 |
|---|---|---|---|---|
| public | Y | Y | Y | Y |
| protected | Y | Y | Y | N |
| default | Y | Y | N | N |
| private | Y | N | N | N |

通过访问控制修饰的类成员变量如果需要为类外提供服务，可以定制入口方法（getter）和出口方法（setter），这些方法的命名是在成员变量前加 set 或 get。这些方法可以约束外界对受保存成员的操

作，使其满足相关规则。Student 类中学号、年龄以及性别的 setter 和 getter 方法如下：

```java
package unit06.clazz2object.stu;

public class Student {
    private String studentID;// 学号
    private String name;// 姓名
    private int age;// 年龄
    private int gender;// 性别
    // 返回学号的最后两位
    public String getStudentID() {
        if (studentID.length() == 0) {
            return "??";
        } else if (studentID.length() < 2) {
            return "0" + studentID;
        } else {
            return studentID.substring(studentID.length() - 2);
        }
    }
    public void setStudentID(String studentID) {
        this.studentID = studentID;
    }
    public String getName() {
        return name;
    }
    public void setName(String name) {
        this.name = name;
    }
    public int getAge() {
        return age;
    }
    public void setAge(int age) {
        if (age < 3 || age > 80) {
            System.out.println(" 错误提示：程序仅能接收 age 在 [3,80] 范围内的数字。");
            return;
        }
        this.age = age;
    }

    public int getGender() {
        return gender;
    }
    public void setGender(int gender) {
        if (gender != 1 || gender != 0) {
            System.out.println(" 错误提示：程序仅能接收 0 或 1，0 表示男，1 表示女。");
            return;
        }
        this.gender = gender;
    }
    /**
    * @param studentID
```

```
        * @param name
        * @param age
        * @param gender
        */
    public Student(String studentID, String name, int age, int gender) {
        super();
        // 对比前后两种设置方法有什么区别
        setStudentID(studentID);// this.studentID = studentID;
        setName(name);// this.name = name;
        setAge(age);// this.age = age;
        setGender(gender);// this.gender = gender;
    }
    public Student() {
        // TODO Auto-generated constructor stub
    }
}
```

4. 变量作用域和 this 引用

变量的作用域在定义变量所在的语句块内有效，且服从局部优先原则。成员变量在类内有效，与成员变量在类内定义的位置无关。当局部变量名与成员变量名重名时，优先使用局部变量。如果需要在局部范围内使用成员变量，可以通过 this 引用成员变量。

```
public class StudentTest {
    public static void main(String[] args) {
        Student s1=new Student("lisi");
        s1.call("zhangsan");
    }
}
class Student {
    private String name;
    public Student(String name) {
        this.name = name;
        //name=name;                    // 上面一句代码替换为这一句会发生什么情况
    }
    public void call(String name) {
        // 下面代码的输出结果是什么
        System.out.println(name + " call " + name);
        System.out.println(name + " call " + this.name);
        System.out.println(this.name + " call " + name);
    }
}
```

this 可以用来调用类中的其他构造方法，但必须出现在第一句。

```
public class Student {
    private String name;
    private String id;
    public Student() {
        System.out.println("do something...");
    }
    public Student(String name) {
```

```
            this();// 在构造方法中，如果需要调用其他构造方法，this 必须出现在第 1 句。
            this.name = name;//name=name;
        }
        public Student(String name,String id) {
            this(name);// 在构造方法中，如果需要调用其他构造方法，this 必须出现在第 1 句。
            this.id=id;
        }
        public void call(String name) {
            System.out.println(name + " call " + name);
            System.out.println(name + " call " + this.name);
            System.out.println(this.name + " call " + name);
        }
    }
```

　　系统提供了常用的类，包括 Math、String、Date、Random 等。掌握这些常用的类，可以帮助程序员设计程序。如何学习这些常用的类呢？通过查阅 Java 的 API（application program interface，应用程序接口）文档可以了解 Java 提供的类的信息，Java API 文档如图 6-3 所示。

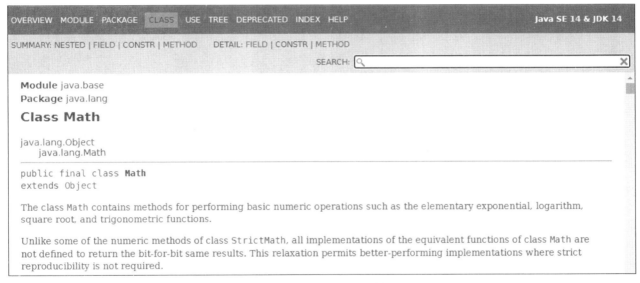

图 6-3　Java API 文档

### 5. 不可变类和单例类

　　如果创建一个对象后不希望它被改变，则需要把它的类变为不可变类。不可变类的所有实例数据都是私有的，而且不能包含针对任何一个数据域的公共设置方法。例如银行卡一旦创建就不允许更改其信息，程序如下。

```
import java.util.Date;
public class BankCard {
    private String bankName;
    private String cardID;
    private Date createTime;
    public BankCard(String bankName, String cardID, Date createTime) {
        super();
        this.bankName = bankName;
        this.cardID = cardID;
```

```
            this.createTime = createTime;
        }
        public String getBankName() {
            return bankName;
        }
        public String getCardID() {
            return cardID;
        }
        public Date getCreateTime() {
            return createTime;
        }
    }
```

在某些场景下，不允许自由创建类对象，仅能在一个应用中创建一个实例对象。为了避免程序员随意创建这种类的对象，应该把该类的构造器设置为私有的。同时提供一个公有的静态方法用于创建对象。

```
public class Monitor {
    private static Monitor instance;
    private Monitor() {}
    public static Monitor getInstance() {
        if(instance == null) {
            instance = new Monitor();
        }
        return instance;
    }
}
```

# 实验 1　对象的创建和使用

### 知识目标

掌握类的定义、对象的创建和使用；掌握引用的概念和引用赋值；掌握构造方法的作用和使用；掌握 static 修饰成员的作用和使用；掌握类成员和对象成员的差异；掌握四种访问控制修饰符；掌握包的概念并会使用包；掌握 UML 的基本用法。

对象的创建和使用

### 能力目标

能够使用类的思维方式考虑问题；能够使用 UML 类设计工具来辅助类的设计和实现；能够正确理解对象和类的关系；能够理解构造方法的作用。

### 素质目标

培养协作精神，规范交流方式，提高团队合作效率。

## 验证性实验——打印机类 Printer

设计打印机类 Printer，其中包括如下内容：

（1）打印机类有表示状态的 status 属性，状态包括就绪、打印；

（2）打印机类有表示品牌的 brand 属性。每行默认可打印字符数 lineMaxWords 为 20，printedWords 表示当前行已经打印的字符数；

（3）打印机类提供打印头回位方法 carriageReturn、换行方法 newLine、多种打印方法 print。重载的 print 方法可以实现一个字符或者一行字符的打印；

（4）编写应用程序模拟打印机完成一个字符的打印、一行字符的打印以及一段文字的打印，每行可以打印 20 个字符。

> ▲点拨
>
> 在类的设计过程中，应该从需求出发，自顶向下分步设计，在设计过程中可以借助 UML 图中的类图辅助设计，设计步骤如下：
>
> （1）明确类的功能定位，确定类名；
>
> （2）确定成员属性及其数据类型；
>
> （3）确定成员方法及其功能、参数构成、返回值类型；
>
> （4）编写测试程序进行测试。

首先确定类名为 Printer，成员属性包括表示状态的 status、表示品牌的 brand、表示最快打印速度的 maxSpeed、表示打印机当前纸量的 paperCount、表示打印机当前墨量的 inkQuantity。根据不同成员属性的特点明确这些属性应该选择什么样的数据类型。

status 包括就绪、打印两种状态，这里暂时使用 int 类型。

brand 使用 String 类型。

maxSpeed 表示打印机每分钟能打印多少页，使用 int 类型。

基于以上分析，可以得出 Printer 类的 UML 图的部分内容，Printer 类属性部分的 UML 设计如图 6-4 所示。

| Printer |
| --- |
| status:int<br>brand:String<br>maxSpeed:int |
|  |

图 6-4　Printer 类的 UML 设计（属性部分）

确定成员方法有哪些？类中必须有打印头回位方法 carriageReturn；换行方法 newLine；打印方法 print，它可以实现一个字符或者一行字符的打印。

这些方法的传入参数和返回值有哪些，都是什么类型的？各个方法要实现的功能是什么？

在题目中，没有确定打印头回位方法一行能打多少个字符，打印头回位是一行打满了回车还是可以在任意位置回车。因此这个打印头回位方法不需要提供参数，也不需要返回值。

换行方法，纸向前走一行，打印机按照默认步长换行，所以这个方法也不需要提供参数。方法的执行是一个过程，可以不需要返回值。

打印方法需要用户提供打印的内容。打印的内容可以是一个字符或者一个字符串，这时候传入参数的数据类型就可以是 char 或者 String。如果用户提供的参数是 int 或者 float 等类型又该如何处理呢？

基于以上考虑，进一步得出 Printer 类的 UML 图的部分内容，Printer 类方法部分的 UML 设计如图 6-5 所示。

| Printer |
|---|
| status:int<br>brand:String<br>maxSpeed:int |
| carriageReturn():void<br>newLine():void<br>print(c:char):void<br>print(s:String):void |

图 6-5　Printer 类的 UML 设计（方法部分）

该实验的具体实现如下所述。

（1）初始化工作，需要根据具体的应用场景确定初始化方式及初始化值。假设场景为该打印机接通电源后，打印机处于就绪状态。status 为 1 表示就绪状态。brand 为出厂自带的，是在创建对象的时候就确定的，并且不能修改。maxSpeed 也是出厂就确定的，不能修改，也是创建对象的时候就确定的。本实验所有的初始化工作由读者自行完成。

（2）代码实现。模拟打印机完成一个字符的打印、一行字符的打印以及一段文字的打印。PrinterDemo 程序输出结果如图 6-6 所示。

```
Console ×
<terminated> PrinterDemo [Java Application] C:\Program Files\Java\jdk-14.0.1\bin\javaw.exe
A
我和我的祖国
我和我的祖国一刻也不能分割。无论我走到哪
里都流出一首赞歌。我歌唱每一座高山我歌唱
每一条河，袅袅炊烟小小村落路上一道辙，你
用你那母亲的脉搏和我诉说。我的祖国和我像
海和浪花一朵，浪是海的赤子海是那浪的依托
，每当大海在微笑我就是笑的旋涡。我分担着
海的忧愁分享海的欢乐，永远给我碧浪清波心
中的歌，啦啦…永远给我碧浪清波心中的歌。
```

图 6-6　PrinterDemo 程序输出结果

【参考程序 6.1】

```java
public class Printer {
    final int maxSpeed=21;
    final int lineMaxWords=20;
    int status;
    String brand;
    int printedWords;
    /**
    * 向控制台输出回车符
    */
    void carriageReturn() {
        // 添加处理代码
    }
    /**
    * 向控制台输出换行符
    */
    void newLine() {
```

```
        // 添加处理代码
    }
    /**
    * 向控制台输出字符
    * @param c 待输出的字符
    */
    void print(char c) {
        // 添加处理代码
    }
    /**
    * 向控制台输出字符串
    * @param s 待输出的字符串
    */
    void print(String s) {
        // 添加处理代码
    }
}

public class PrinterDemo {
    public static void main(String[] args) {
        Printer p=new Printer();
        p.brand="HP";
        p.status=1;
        p.printedWords=0;
        p.print('A');
        p.newLine();
        p.print(" 我和我的祖国 ");
        p.newLine();
        p.print(" 我和我的祖国一刻也不能分割。" +
                " 无论我走到哪里都流出一首赞歌。" +
                " 我歌唱每一座高山我歌唱每一条河，" +
                " 袅袅炊烟小小村落路上一道辙，" +
                " 你用你那母亲的脉搏和我诉说。" +
                " 我的祖国和我像海和浪花一朵，" +
                " 浪是海的赤子海是那浪的依托，" +
                " 每当大海在微笑我就是笑的旋涡。" +
                " 我分担着海的忧愁分享海的欢乐，" +
                " 永远给我碧浪清波心中的歌，" +
                " 啦啦…" +
                " 永远给我碧浪清波心中的歌。");
    }

}
```

## 验证性实验——平面坐标系中的点类 Point

设计平面坐标系中的点类 Point，其中包括如下内容。

（1）横坐标 $x$，纵坐标 $y$。

（2）提供判断该点位于哪个象限的 int quadrant() 方法。象限以原点为中心，$x$、$y$ 轴为分界线。右上的称为第一象限，返回值为 1。左上的称为第二象限，返回值为 2。左下的称为第三象限，返回值为

3。右下的称为第四象限，返回值为 4。坐标轴上的点不属于任何象限，返回值为 0。

（3）获得该点关于 $x$ 轴和 $y$ 轴的对称点的方法 xAxialSymmetry() 和 yAxialSymmetry()。

（4）编写应用程序声明两个 Point 对象引用变量 p1 和 p2，将 p1 的坐标设置为 (10,20)，将 p2 的坐标设置为 (30,50)；使用输出语句分别打印这两个点的坐标信息；再声明一个 pt 的 Point 对象引用变量，将 p2 赋值给 pt，然后打印 p2 和 pt 的点坐标值；最后，修改 pt 的坐标值为 (20,30)，再打印 p2 和 pt 的点坐标值。

**△点拨**

（1）确定类名、类的成员变量和成员方法。Point 类是平面坐标系中的点，确定该点必须提供点的横坐标 $x$ 和纵坐标 $y$。题中没有涉及精度问题，假设坐标的数据类型为 int。

该类需要提供求点的象限的方法 quadrant()，求点关于 $x$ 轴对称的点的方法 xAxialSymmetry() 和求点关于 $y$ 轴对称的点的方法 yAxialSymmetry()。Point 类的 UML 设计如图 6-7 所示。

（2）初始化工作。本实验所有的初始化工作由读者自行完成。

（3）访问控制方式。本实验所有的访问控制方式为缺省方式（default）。

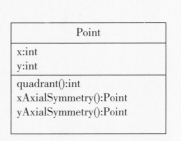

| Point |
| --- |
| x:int |
| y:int |
| quadrant():int |
| xAxialSymmetry():Point |
| yAxialSymmetry():Point |

图 6-7　Point 类的 UML 设计

【参考程序 6.2】

```java
public class Point {
    int x;
    int y;
    int quadrant() {
        int iRet;
        // 添加代码
        if(x>0&&y>0) {
            iRet=1;
        }else if(x<0&&y>0) {
            iRet=2;
        }else if(x<0&&y<0) {
            iRet=3;
        }else if(x>0&&y<0) {
            iRet=4;
        }
        return iRet;
    }

    Point xAxialSymmetry() {
        Point pointRet=null;
        // 添加代码
        pointRet=new Point();
        pointRet.x=x;
        pointRet.y=-y;
        return pointRet;
    }
```

```
    Point yAxialSymmetry() {
        Point pointRet=null;
        // 添加代码
        pointRet=new Point();
        pointRet.x=-x;
        pointRet.y=y;
    return pointRet;
    }
}
```

本实验涉及引用变量的赋值问题，注意观察赋值前后对对象修改的影响。测试代码参考程序如下。

【参考程序 6.3】

```
public class PointDemo {
    public static void main(String[] args) {
        Point p1=new Point();
        p1.x=10;
        p1.y=20;
        Point p2=new Point();
        p2.x=30;
        p2.y=50;
        System.out.println("p1("+p1.x+","+p1.y+")");
        System.out.println("p2("+p2.x+","+p2.y+")");

        Point pt=p2;
        System.out.println("p2("+p2.x+","+p2.y+")");
        System.out.println("pt("+pt.x+","+pt.y+")");

        pt.x=20;
        pt.y=30;
        System.out.println("p2("+p2.x+","+p2.y+")");
        System.out.println("pt("+pt.x+","+pt.y+")");
    }
}
```

Point 坐标系的运行结果如图 6-8 所示。

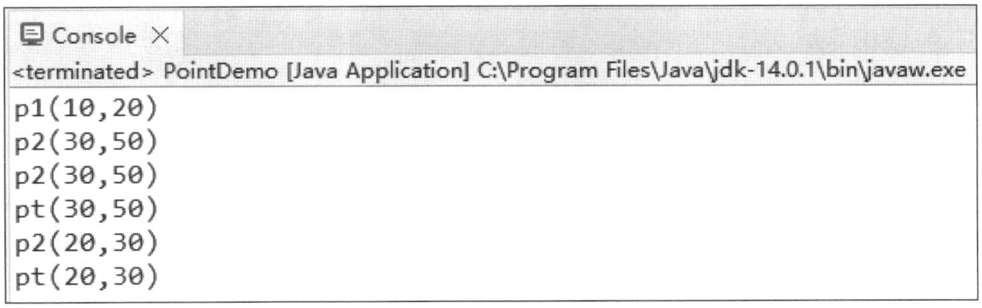

```
🖥 Console ✕
<terminated> PointDemo [Java Application] C:\Program Files\Java\jdk-14.0.1\bin\javaw.exe
p1(10,20)
p2(30,50)
p2(30,50)
pt(30,50)
p2(20,30)
pt(20,30)
```

图 6-8　Point 坐标系的运行结果

## 设计性实验——盒子模型类 CSSBox

盒子模型是 CSS 中一个十分重要的知识。内容在页面中呈现时需要处理好其与边框以及其他内容之间的关系。内容 content 和边框 border 之间有内边距 padding，边框和其他边框之间有外边距 margin。内容大小由宽度 width 和高度 height 表示；内边距有 paddingTop、paddingBottom、paddingLeft 和 paddingRight，它们分别表示内容与边框在各个方向上的间距；边框可以有自己的宽度 borderTop、borderBottom、borderLeft 和 borderRight，它们分别表示边框在各个方向上的宽度；外边距各个方向的间距由 marginTop、marginBottom、marginLeft 和 marginRight 表示。盒子模型示意如图 6-9 所示，盒子模型各参数关系如图 6-10 所示。代码运行结果如图 6-11 所示。

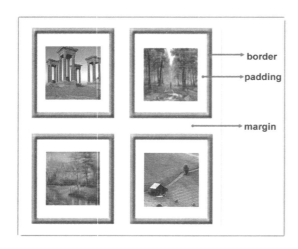

图 6-9　盒子模型示意

图 6-10　盒子模型各参数关系

【参考程序 6.4】

```java
public class CSSBoxTest {
    public static void main(String[] args) {
        System.out.println("testConstrutor():" + (testConstrutor() ? "pass" : "failure"));
        System.out.println("testGetSet():" + (testGetSet() ? "pass" : "failure"));
        testDisplay();
    }
    public static boolean testConstrutor() {
        boolean bRtn01 = false;
        CSSBox firstBox = new CSSBox();
        if (firstBox.getContent().equals("default content")) {
            bRtn01 = true;
        }
        boolean bRtn02 = false;
        CSSBox secondBox = new CSSBox("one line: hi...\rtwo line: Java class \rthree line:......");
        if (secondBox.getWidth() == 21 && secondBox.getHeight() == 3) {
            bRtn02 = true;
        }
        boolean bRtn03 = false;
        CSSBox thirdBox = new CSSBox("one line: hi...\rtwo line: Java class \rthree line:......", 2, 3, 4);
        if (thirdBox.getBorderBottom() == 3 && thirdBox.getBorderLeft() == 3 && thirdBox.getPaddingBottom() ==
2&& thirdBox.getPaddingRight() == 2 && thirdBox.getMarginRight() == 4 && thirdBox.getMarginTop() == 4) {
            bRtn03 = true;
        }
        boolean bRtn04 = false;
        CSSBox forthBox = new CSSBox("one line: hi...\rtwo line: Java class \rthree line:......", 2, 3, 4, 2, 3, 4, 2, 3, 4,
2, 3, 4, 5, 6);
```

```java
            if (forthBox.getWidth() == 21 && forthBox.getHeight() == 3 && forthBox.getBorderBottom() == 3&&
forthBox.getBorderLeft() == 4 && forthBox.getPaddingBottom() == 2 && forthBox.getPaddingRight() == 4&& forthBox.
getMarginRight() == 6 && forthBox.getMarginTop() == 3) {
                bRtn04 = true;
            }
            return bRtn01 && bRtn02 && bRtn03 && bRtn04;
        }
        public static boolean testGetSet() {
            boolean bRtn01 = false;
            CSSBox firstBox = new CSSBox();
            firstBox.setWidth(-1);
            firstBox.setHeight(10);
            if (firstBox.getWidth() == 15 && firstBox.getHeight() == 1) {
                bRtn01 = true;
            }
            boolean bRtn02 = false;
            CSSBox secondBox = new CSSBox();
            secondBox.setBorder(6);
            secondBox.setMarginBottom(1);
            secondBox.setPaddingRight(3);
             if(secondBox.getBorderBottom() == 6 && secondBox.getBorderRight() == 6 && secondBox.
getMarginBottom() == 1&& secondBox.getPaddingRight() == 3) {
                bRtn02 = true;
            }
            boolean bRtn03 = false;
            CSSBox thirdBox = new CSSBox();
            thirdBox.setBorder(-6);
            thirdBox.setMarginBottom(-1);
            thirdBox.setPaddingRight(-3);
            if(thirdBox.getBorderBottom() == 0 && thirdBox.getBorderRight() == 0 && thirdBox.getMarginBottom() ==
0&& thirdBox.getPaddingRight() == 0) {
                bRtn03 = true;
            }
            return bRtn01 && bRtn02 && bRtn03;
        }
        public static void testDisplay() {
            Scanner input = new Scanner(System.in);
            int borderSize = 0;
            int marginBottom = 0;
            int paddingRight = 0;
            char paddingChar = '*';
            char borderChar = '-';
            char marginChar = '@';

            System.out.println("testDisplay#1");
            System.out.print("enter border-size:");
            borderSize = input.nextInt();
            System.out.print("enter margin-bottom:");
            marginBottom = input.nextInt();
            System.out.print("enter padding-right:");
            paddingRight = input.nextInt();
```

```java
        CSSBox firstBox = new CSSBox();
        firstBox.setBorder(borderSize);
        firstBox.setMarginBottom(marginBottom);
        firstBox.setPaddingRight(paddingRight);
        firstBox.display();

        CSSBox secondBox = new CSSBox();
        System.out.println("testDisplay#2");
        System.out.print("enter border-size:");
        borderSize = input.nextInt();
        System.out.print("enter margin-size:");
        marginBottom = input.nextInt();
        System.out.print("enter padding-size:");
        paddingRight = input.nextInt();
        secondBox.setBorder(borderSize);
        secondBox.setMargin(marginBottom);
        secondBox.setPadding(paddingRight);
        System.out.print("enter padding-char:");
        paddingChar = input.next().charAt(0);
        System.out.print("enter border-char:");
        borderChar = input.next().charAt(0);
        System.out.print("enter margin-char:");
        marginChar = input.next().charAt(0);
        String content = "Better late than never.\rWhatever is worth doing at all is worth doing well.\rAction is the
proper fruit of knowledge.";
        secondBox.setContent(content);
        secondBox.display(paddingChar,borderChar,marginChar);
    }

class CSSBox {
    private String content;
    private int width;
    private int height;
    private int paddingTop;
    private int paddingBottom;
    private int paddingLeft;
    private int paddingRight;
    private int borderTop;
    private int borderBottom;
    private int borderLeft;
    private int borderRight;
    private int marginTop;
    private int marginBottom;
    private int marginLeft;
    private int marginRight;
    private static final String defaultContent = "default content";// 内容默认值
    public CSSBox() {
        // TODO 补全代码，各项属性值都采用默认值
    }
    public CSSBox(String content, int width, int height, int paddingTop, int paddingBottom, int paddingLeft,
        int paddingRight, int borderTop, int borderBottom, int borderLeft, int borderRight, int marginTop,
```

```
            int marginBottom, int marginLeft, int marginRight) {
        // TODO 补全代码，根据传入的参数初始化各成员变量
    }
    public CSSBox(int width, int height, int paddingTop, int paddingBottom, int paddingLeft, int paddingRight,
int borderTop, int borderBottom, int borderLeft, int borderRight, int marginTop, int marginBottom, int marginLeft, int
marginRight) {
        // TODO 补全代码，根据传入参数初始化各成员变量，采用默认值初始化内容
    }
    public CSSBox(String content) {
        // TODO 补全代码，根据传入的内容初始化，其他边距和边框都为 0
    }
    public CSSBox(String content, int paddingSize, int borderSize, int marginSize) {
        // TODO 补全代码，根据传入的参数初始化
    }
    public String getContent() {
        return content;
    }
    /**
    * 内容设置：根据内容调整 width 和 height，以 content 实际内容为准。content 字符串以 '\r' 进行分割
    * 分割后的字符串数量为 height，分割后的最长字符串的长度为 width
    * @param content
    */
    public void setContent(String content) {
        // TODO 补全代码
    }
    public int getWidth() {
        return width;
    }
    /**
    * 宽度设置：宽度小于 1 的，设置宽度为 1；宽度以 content 内容为准（参见 setContent 部分）
    * @param width
    */
    public void setWidth(int width) {
        // TODO 补全代码
    }
    public int getHeight() {
        return height;
    }
    /**
    * 高度设置：如果高度不足 1，则设置高度为 1
    * @param height
    */
    public void setHeight(int height) {
        // TODO 补全代码
    }
    public int getPaddingTop() {
        return paddingTop;
    }
    **
    * 内边距顶距设置：如果参数高度小于 0，则设置为 0
```

```java
 * @param paddingTop
 */
public void setPaddingTop(int paddingTop) {
    // TODO 补全代码
}
public int getPaddingBottom() {
    return paddingBottom;
}
/**
 * 内边距底距设置：如果参数高度小于 0，则设置为 0
 * @param paddingBottom
 */
public void setPaddingBottom(int paddingBottom) {
    // TODO 补全代码，参数小于 0，则设置为 0
}
public int getPaddingLeft() {
    return paddingLeft;
}
public void setPaddingLeft(int paddingLeft) {
    // TODO 补全代码，参数小于 0，则设置为 0
}
public int getPaddingRight() {
    return paddingRight;
}
public void setPaddingRight(int paddingRight) {
    // TODO 补全代码，参数小于 0，则设置为 0
}
public int getBorderTop() {
    return borderTop;
}
public void setBorderTop(int borderTop) {
    // TODO 补全代码，参数小于 0，则设置为 0
}
public int getBorderBottom() {
    return borderBottom;
}

public void setBorderBottom(int borderBottom) {
    // TODO 补全代码，参数小于 0，则设置为 0
}
public int getBorderLeft() {
    return borderLeft;
}
public void setBorderLeft(int borderLeft) {
    // TODO 补全代码，参数小于 0，则设置为 0
}
public int getBorderRight() {
    return borderRight;
}
public void setBorderRight(int borderRight) {
    // TODO 补全代码，参数小于 0，则设置为 0
```

```java
    }
    public int getMarginTop() {
        return marginTop;
    }

    public void setMarginTop(int marginTop) {
        // TODO 补全代码，参数小于 0，则设置为 0
    }
    public int getMarginBottom() {
        return marginBottom;
    }
    public void setMarginBottom(int marginBottom) {
        // TODO 补全代码，参数小于 0，则设置为 0
    }
    public int getMarginLeft() {
        return marginLeft;
    }
    public void setMarginLeft(int marginLeft) {
        // TODO 补全代码，参数小于 0，则设置为 0
    }
    public int getMarginRight() {
        return marginRight;
    }
    public void setMarginRight(int marginRight) {
        // TODO 补全代码，参数小于 0，则设置为 0
    }
    public void setPadding(int size) {
        // TODO 补全代码，设置上下左右内边距都为 size
    }
    public void setBorder(int size) {
        // TODO 补全代码，设置上下左右边框都为 size
    }
    public void setMargin(int size) {
        // TODO 补全代码，设置上下左右外边距都为 size
    }
    /**
    * 打印盒子模型
    *
    * @param paddingChar 内边距字符
    * @param borderChar  边框字符
    * @param marginChar  外边距字符
    */
    public void display(char paddingChar, char borderChar, char marginChar) {
        // TODO 补全代码
    }
    /**
    */
    public void display() {
        // TODO 补全代码
    }
    public String getDisplayContent() {
```

```
        // TODO 补全代码，返回 display 打印到控制台上的内容字符串
    }
    public String getDisplayContent(char paddingChar, char borderChar, char marginChar) {
        // TODO 补全代码，根据传入符号参数返回 display 打印到控制台上的字符串
    }
}
```

```
Console ×
<terminated> CSSBoxTest [Java Application] C:\Program Files\Java\jdk-14
testConstrutor():pass
testGetSet():pass
testDisplay#1
enter border-size:1
enter margin-bottom:1
enter padding-right:1
------------------
-default content*-
------------------
@@@@@@@@@@@@@@@@@@

testDisplay#2
enter border-size:1
enter margin-size:1
enter padding-size:1
enter padding-char:~
enter border-char:*
enter margin-char:(
(((((((((((((((((((((((((((((((((((((((((((((((((
(*************************************************(
(*~~~~~~~~~~~~~~~~~~~~~~~~~~~~~~~~~~~~~~~~~~~~~~~*(
(*~Better late than never.                     ~*(
(*~Whatever is worth doing at all is worth doing well.~*(
(*~Action is the proper fruit of knowledge.    ~*(
(*~~~~~~~~~~~~~~~~~~~~~~~~~~~~~~~~~~~~~~~~~~~~~~~*(
(*************************************************(
(((((((((((((((((((((((((((((((((((((((((((((((((
```

图 6-11　盒子模型 Demo 程序运行结果

## 设计性实验——秒表类 StopWatch

秒表 StopWatch 类包括以下内容：

（1）具有设置方法的私有数据域 startTime 和 endTime；

（2）一个无参构造方法，使用当前时间来初始化 startTime；

（3）一个名为 start() 的方法，将 startTime 重设为当前时间；

（4）一个名为 stop() 的方法，将 endTime 设置为当前时间；

（5）一个名为 getElapsedTime() 的方法，返回以毫秒为单位的秒表记录的流逝时间。

画出该类的 UML 图并实现这个类。编写一个测试程序，当输入 s 时开始计时并对 100 000 个随机数字进行排序，排序结束后记录结束时间，最后得出此次排序所用的时间。StopWatch 测试程序输出的结果如图 6-12 所示。

图 6-12　StopWatch 测试程序输出的结果

⚠️点拨

（1）使用 java.util.Random 类来得到随机数，具体可以查看 Java API 文档。

（2）采用任意一种你熟悉的排序算法。

（3）可以使用 java.util.Date 类获取当前时间，具体使用方法请参看 Java API 文档，注意尽量不要使用那些被标注为"Deprecated"的方法。

（4）最终得到的排序时间跟程序采用的随机数样本、排序算法和计算机都有关。

## 设计性实验——利用 Math 类中的成员方法计算一元二次方程的根

为一元二次方程式 $ax^2+bx+c=0$ 设计一个名为 QuadraticEquation 的类，其中包括如下内容：

（1）$a$、$b$、$c$ 表示 3 个私有数据域；

（2）提供一个构造方法，可以传入 3 个参数，并且为 3 个私有域进行初始化；

（3）提供获取 $a$、$b$、$c$ 的方法；

（4）提供一个名为 getDiscriminant() 的方法返回 $b^2-4ac$ 的值；

（5）提供名为 getRoot1() 和 getRoot2() 的方法返回等式的两个根 $x_1$、$x_2$，$x_1 = \dfrac{-b-\sqrt{b^2-4ac}}{2a}$，

$x_2 = \dfrac{-b+\sqrt{b^2-4ac}}{2a}$。

这两个方法仅能在判别式的值为非负数时才有用。如果判别式的值为负数，打印"方程没有实数根。"。

画出该类的 UML 图并实现这个类。编写一个测试程序，提示用户输入 $a$、$b$ 和 $c$ 的值，然后显示判别式的结构。如果判别式值为正数，显示方程有两个根并输出这两个根；如果判别式值为 0，显示方程有一个根并输出这个根；否则显示方程没有实数根。程序运行结果如图 6-13 至图 6-15 所示。

图 6-13　一元二次方程没有实根时的运行结果

图 6-14　一元二次方程有两个不同实根时的运行结果

图 6-15　一元二次方程有两个相同实根时的运行结果

## 拓展训练

（1）数组是对象还是基本类型？数组可以包含对象类型的元素吗？试描述数组元素的默认值。

（2）如何根据当前时间创建一个 Date 对象？如何显示当前时间？

（3）在上面多处测试中，出现了两种测试结果的输出方式，即控制台输出测试结果和使用预设值与结果内容自动比较输出测试结果。考虑这两种测试结果输出方式各自的优缺点并考虑它们都适用于哪些场景。

## 实验 2　变量的作用域和 this 关键字

### 知识目标

掌握 this 关键字的使用；掌握初始化块的作用和使用；掌握组合类的定义和使用；掌握单例类的实现。

### 能力目标

能够合理使用 this 关键字；能够建立符合业务需求的成员属性的访问控制方式；综合运用访问控制修饰符封装类的属性，理解类封装的保护和开放的辩证关系；能够在不同业务场景下，设计出符合要求的类；能够处理多个类之间的关系和理解特殊类的设计模式。

### 素质目标

培养自律自学能力，明确职业发展目标，构建合理的发展路径。

变量的作用域和 this 关键字

## 验证性实验——三角形类 Triangle

（1）定义一个名为 Point 的点类，该类中包括横坐标 x 和和纵坐标 y，提供包含 x、y 的构造方法。

（2）定义一个名为 Triangle 的类，其中包含 p1、p2、p3 三个属性，分别表示三角形的三个顶点。

（3）声明 Triangle 的默认构造方法和带参构造方法。

（4）观察 p1、p2、p3 的构造函数和 Triangle 对象的构造函数之间执行的先后顺序。

（5）提供一个 isTriangle 方法，用来判断三个点能否构成三角形。

（6）提供计算这个三角形的周长的方法 perimeter 和计算面积的方法 area。

（7）编写应用程序，让用户输入三个点的坐标，生成 Triangle 对象，判断这三个点能否构成三角形，如果可以构成，输出周长和面积；如果不可以构成，请用户重新输入三个点的坐标。

判断平面坐标系中三个点能否构成三角形的程序的运行结果如图 6-16 所示。如果要求三角形的一个点必须是原点，这个类又该如何设计？

> **⚠ 点拨**
>
> （1）在 GUI（graphical user interface，图形用户界面）中，平面坐标系的原点位于屏幕的左上角，x 轴从左向右延伸，y 轴从上到下延伸，如图 6-17 所示。
>
> （2）三角形需要三个坐标系中的点来确定。
>
> （3）任意两边之和大于第三边是判断三个点是否能组成三角形的重要依据。
>
> （4）了解两点间的距离公式有助于计算三角形的周长。
>
> （5）利用海伦公式能够计算三角形的面积。

```
💻 Console ✕
<terminated> TriangleDemo [Java Application]
请输入三角形的三个顶点坐标：
第0个顶点的横坐标是：1
第0个顶点的纵坐标是：2
第1个顶点的横坐标是：3
第1个顶点的纵坐标是：4
第2个顶点的横坐标是：5
第2个顶点的纵坐标是：6
这三个点无法组成三角形。
```

（a）

```
💻 Console ✕
<terminated> TriangleDemo [Java Application]
请输入三角形的三个顶点坐标：
第0个顶点的横坐标是：0
第0个顶点的纵坐标是：0
第1个顶点的横坐标是：0
第1个顶点的纵坐标是：3
第2个顶点的横坐标是：4
第2个顶点的纵坐标是：3
三角形的周长是：12.0
三角形的面积是：6.0
```

（b）

图 6-16　平面坐标系中给出三个点能否组成三角形的程序的运行结果

图 6-17　GUI 编程中的平面坐标系

【参考程序 6.5】

```java
public class Triangle {
    private Point p1;
    private Point p2;
    private Point p3;
    public Triangle() {
        super();
        // 补全代码
    }
    public Triangle(Point p1, Point p2, Point p3) {
        super();
        this.p1 = p1;
        this.p2 = p2;
        this.p3 = p3;
    }
    public boolean isTriangle() {
        double side1;
        double side2;
        double side3;
        side1 = p1.distance(p2);
        side2 = p1.distance(p3);
        side3 = p2.distance(p3);
        if(_____) { // 补全代码
            return true;
        }
        return false;
    }
    /**
     * 三角形的周长
     * @return 如果不能组成三角形则返回 -1，如果可以组成三角形则返回三角形周长
     */
    public double perimeter() {
        if(!isTriangle()) {
            return -1;
        }
        double side1;
        double side2;
        double side3;
        side1 = p1.distance(p2);
        side2 = p1.distance(p3);
        side3 = p2.distance(p3);
        return side1 + side2 + side3;
    }
    /**
     * 三角形的面积
     * 如果不能组成三角形，则返回 -1;
     * 如果可以组成三角形，则用海伦公式计算三角形的面积
     * @return
     */
    public double area() {
        if(!isTriangle()) {
```

```java
                return -1;
            }
            double side1;
            double side2;
            double side3;

            side1 = p1.distance(p2);
            side2 = p1.distance(p3);
            side3 = p2.distance(p3);
            double p;
            p = (side1 + side2 + side3) / 2;
            return Math.sqrt(p * (p - side1) * (p - side2) * (p - side3));
        }
    }
    public class Point {
        private double x;
        private double y;
        public Point(double x, double y) {
            super();
            this.x = x;
            this.y = y;
        }
        public double getX() {
            return x;
        }
        public double getY() {
            return y;
        }
        // 此处缺少一个方法，请根据上下文补充
    }

    public class TriangleDemo {
        public static void main(String[] args) throws UnsupportedEncodingException {
            Scanner input = new Scanner(System.in,"UTF-8");
            PrintStream out = new PrintStream(System.out,false,"UTF-8");
            out.println(" 请输入三角形的三个顶点坐标：");

            double[] coord = new double[6];
            // 这里需要接收控制台输入的顶点横纵坐标，并将它们存放在数组 coord 中，请补全代码

            for(int idx = 0; idx < 3; idx++) {
                out.print(" 第 " + idx + " 个顶点的横坐标是：");
                coord[2 * idx] = input.nextDouble();
                out.print(" 第 " + idx + " 个顶点的纵坐标是：");
                coord[2 * idx + 1] = input.nextDouble();
            }
            Point p1 = new Point(coord[0],coord[1]);
            Point p2 = new Point(coord[2],coord[3]);
            Point p3 = new Point(coord[4],coord[5]);
            Triangle t = new Triangle(p1,p2,p3);
            if(t.isTriangle()) {
                out.println(" 三角形的周长是：" + t.perimeter());
```

```
            out.println(" 三角形的面积是：" + t.area());
        } else
            out.println(" 这三个点无法组成三角形。");
    }
}
```

## 验证性实验——学生类 Student

国内某高校 iUniversity 要设计一个学生成绩管理系统，其中需要设计学生类，具体设计要求如下：

（1）该学生类 Student 需要包含学号（String sno）、姓名（String name）、学分（double credit）属性，学生具备听 void listen(String msg)、说 void say()、读 void read(String msg)、写 void write(String msg) 能力；

（2）使用默认的构造方法创建 Student 类对象，然后对其成员属性进行赋值；重载构造方法，在创建 Student 类对象时同步设置其成员属性的值；

（3）增加国籍属性（String nationality），同时注意到该校招收的大部分学生来自中国，为此，在该类中提供初始化代码块，以便后期使用该类时减少该属性的频繁设置。

结合上面的要求和测试代码完成 Student 类的实现，并补充完成 test02 和 test03 两个方法的实现。下面提供测试程序，实例化的三个学生分别为来自中国的学生 zhangsan、lisi 和来自美国的学生 mike，分别调用他们的听、说、读、写方法并显示学生的个人信息，程序运行结果如图 6-18 所示。

```
Console ×
<terminated> StudentDemo [Java Application] C:\Program Files\Java\jdk-14.0.1\bin\javaw.exe
我听到了"你好，你是谁？"
大家好，我是张三来自中国
阅读改变人生，今天我要读的是"忆江南  白居易  江南好，风景旧曾谙。日出江花红胜火，春来江水绿如蓝。能不忆江南？"
记录我们美好的回忆，今天我要记录的是"贵有恒何必三更眠五更起，最无益只怕一日曝十日寒。"
学号        20230523875201
姓名        张三
学分        56.73
国籍        中国
我听到了"你好，你是谁？"
大家好，我是李四来自中国
阅读改变人生，今天我要读的是"王维《鹿柴》：空山不见人，但闻人语响。返景入深林，复照青苔上。"
记录我们美好的回忆，今天我要记录的是"诗书勤乃有，不勤腹空虚。  ——韩愈"
学号        20230523875202
姓名        李四
学分        72.38
国籍        中国
我听到了"你好，你是谁？"
大家好，我是mike来自America
阅读改变人生，今天我要读的是"cease to struggle and you cease to live."
记录我们美好的回忆，今天我要记录的是"You are not strong,no one brave for you."
学号        20230523875203
姓名        mike
学分        64.85
国籍        America
```

图 6-18　Student 类测试代码 test01 方法运行后的输出结果

【参考程序 6.6】

```java
public class StudentDemo {
    public static void main(String[] args) {
        test01();
        test02();
        test03();
    }
    public static void test01() {
        Student zhangsan = new Student();
        zhangsan.setSno("20230523875201");
        zhangsan.setName(" 张三 ");
        zhangsan.setCredit(56.73);
        zhangsan.listen(" 你好，你是谁？ ");
        zhangsan.say();
        zhangsan.read(" 忆江南 白居易 江南好，风景旧曾谙。日出江花红胜火，春来江水绿如蓝。能不忆江南？ ");
        zhangsan.write(" 贵有恒何必三更眠五更起，最无益只怕一日曝十日寒。");
        zhangsan.display();
    }
    /**
    * 本方法使用构造方法初始化 lisi 对象，然后依次调用 listen、say、read、write、display 方法，
    * 看看输出结果是否与你预想的一致
    */
    public static void test02() {
        Student lisi = new Student("20230523875202"," 李四 ",72.38);
        lisi.listen(" 你好，你是谁？ ");
        lisi.say();
        lisi.read(" 王维《鹿柴》：空山不见人，但闻人语响。返景入深林，复照青苔上。");
        lisi.write(" 诗书勤乃有，不勤腹空虚。——韩愈 ");
        lisi.display();
    }
    /**
    * 本方法使用构造方法初始化 mike 对象，再用 setNationality 方法设置国籍，
    * 然后依次调用 listen、say、read、write、display 方法，
    * 查看输出是否与你预想的一致，
    * 对比和体会初始化块的作用和构造方法的作用
    */
    public static void test03() {
        Student mike = new Student("20230523875203","mike",64.85);
        mike.setNationality("America");
        mike.listen(" 你好，你是谁？ ");
        mike.say();
        mike.read("cease to struggle and you cease to live.");
        mike.write("You are not strong,no one brave for you.");
        mike.display();
    }
}
```

## 验证性实验——单例工具类 Scanner

某系统要求所有的输入动作都必须由一个 Sacnner 对象进行操作，为此需要为系统设计一个 Scanner 类对象的唯一获取入口。程序运行结果如 6-19 所示。

```
Console ×
<terminated> SingletonScannerDemo [Java Application] C:\Program Files\Java\jdk-14.0.1\bin\javaw.exe
sScanner01和sScanner02,它们是同一个对象
sScanner01和sScanner03,它们是同一个对象
sScanner01和sScanner02,它们是同一个对象
input01和input02,它们指向同一个对象。
input01和input02,它们指向同一个对象。
```

图 6-19　单例 Scanner 类程序运行结果

【参考程序 6.7】

```java
public class SingletonScanner {
    private static SingletonScanner singletonScanner;
    private Scanner input;

    public Scanner getInput() {
        return input;
    }
    private SingletonScanner() {
        input = new Scanner(System.in,"UTF-8");
    }
    public static SingletonScanner getInstance() {
        if(singletonScanner == null) {
            singletonScanner = new SingletonScanner();
        }
        return singletonScanner;
    }
}
//SingletonScannerDemo.java
public class SingletonScannerDemo {
    private static PrintStream out;
    static {
        try {
            out = new PrintStream(System.out,false,"UTF-8");
        } catch (UnsupportedEncodingException e) {
            e.printStackTrace();
        }
    }
    public static void main(String[] args) {
        SingletonScanner sScanner01 = SingletonScanner.getInstance();
        SingletonScanner sScanner02 = SingletonScanner.getInstance();

        Scanner input01 = sScanner01.getInput();
```

```
        Scanner input02 = sScanner02.getInput();

        if(sScanner01 == sScanner02){
            out.println("sScanner01 和 sScanner02, 它们是同一个对象 ");
        }else{
            out.println("sScanner01 和 sScanner02, 它们不是同一个对象 ");
        }
        {
            SingletonScanner sScanner03 = SingletonScanner.getInstance();
            if(sScanner01 == sScanner03){
                out.println("sScanner01 和 sScanner03, 它们是同一个对象 ");
            } else {
                out.println("sScanner01 和 sScanner03, 它们不是同一个对象 ");
            }
        }
        if(sScanner01 == sScanner02){
            out.println("sScanner01 和 sScanner02, 它们是同一个对象 ");
        } else {
            out.println("sScanner01 和 sScanner02, 它们不是同一个对象 ");
        }
        // 思考: 下面的语句解除注释后, 程序是否能够运行。执行并观察结果, 说明原因
//      if(sScanner01 == sScanner03){
//          System.out.println("sScanner01 和 sScanner03, 它们是同一个对象 ");
//      } else {
//          System.out.println("sScanner01 和 sScanner03, 它们不是同一个对象 ");
//      }
        if(input01 == input02) {
            out.println("input01 和 input02, 它们指向同一个对象。");
        } else {
            out.println("input01 和 input02, 它们指向不同的对象。");
        }
        input01.close();
        if(input01 == input02) {
            out.println("input01 和 input02, 它们指向同一个对象。");
        } else {
            out.println("input01 和 input02, 它们指向不同的对象。");
        }
        // 思考: 下面的语句解除注释后, 程序是否能够运行。执行并观察结果, 说明原因
        //input02.next();
    }
}
```

## 设计性实验——加法器类 Calculator

设计一个加法器类 Calculator 满足以下要求:

（1）包含一个 number 表示本位值, 包含一个 carry 表示进位值;

（2）提供一个 add 方法, 能够实现两个一位二进制数的加运算, 结果存放在 number 和 carry 中;

（3）提供一个 clear 方法, 能够实现 number 和 carry 清零;

（4）提供 isDisplay 属性和 display 方法, 当 isDisplay 值为 true 时, display 方法用于显示一位二进制数运算的工作示意图; 当 isDisplay 值为 false 时, display 方法不工作;

（5）利用初始化块实现一位二进制数加法器的初始化工作。

编写一个能够满足下面应用程序测试要求的 Calculator 类。测试程序实现了一位二进制数加法运算和使用设计好的一位二进制数加法器实现两位二进制数加法器。加法器的原理图和真值表如图 6-20 所示。

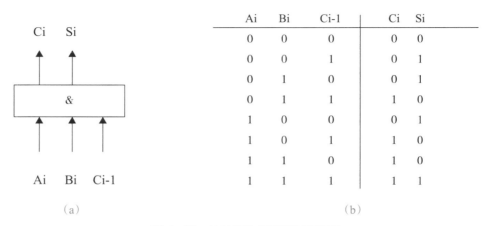

| Ai | Bi | Ci-1 | Ci | Si |
|----|----|------|----|----|
| 0 | 0 | 0 | 0 | 0 |
| 0 | 0 | 1 | 0 | 1 |
| 0 | 1 | 0 | 0 | 1 |
| 0 | 1 | 1 | 1 | 0 |
| 1 | 0 | 0 | 0 | 1 |
| 1 | 0 | 1 | 1 | 0 |
| 1 | 1 | 0 | 1 | 0 |
| 1 | 1 | 1 | 1 | 1 |

（a）　　　　　　　　　　　　　　　　（b）

图 6-20　加法器的原理图和真值表

（a）原理图；（b）真值表

一位二进制数加法器是计算机硬件逻辑的基础，本题要求使用软件模拟该加法器，其中，Ai、Bi 为两个加数，Ci-1 为低位产生的进位值，Si 为本位值，Ci 为本位产生的进位值。加法器是由逻辑电路构成的，逻辑电路只会做与、或、非运算。它们之间的逻辑关系如下：

```
Si=Ai^Bi^Ci-1
Ci=Ai&Ci-1|Bi&Ci-1|Ai&Bi
```

程序的运行结果如图 6-21 所示。

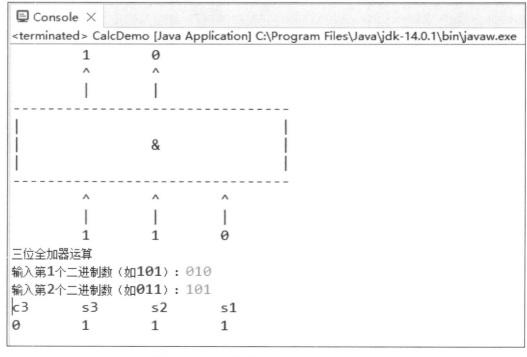

图 6-21　二进制数加法器程序的运行结果

## 设计性实验——产品类 Product

（1）Product 类有 id、name、pid、status 四个属性，它们的类型说明如下：产品 id（id）是一个 13 位数字组成的字符串；产品名称（name）的类型为 String；产品类型编号（pid）的类型为 String；产品状态（status）的类型为 int。

（2）Product 包含产品的生产日期（dateInProduced），其类型为 MyDate。MyDate 类需要自行定义，它包含年、月、日、时、分、秒 6 个属性，提供构造方法、getter 方法、setter 方法和 toString 方法，并可以根据各个时间要素检查设置时传入的参数是否正确。

（3）编写测试程序，验证各个功能是否达到设计要求。

产品类 Product 测试程序运行结果如图 6-22 所示。

```
Console ×
<terminated> ProductDemo [Java Application] C:\Program Files\Java\jdk-14.0.1\bin\javaw.exe
产品的无业务无关的id必须是13位数字组成的字符串。
产品的无业务无关的id必须是13位数字组成的字符串。
你输入的年份无法通过数据验证，请检查。年份必须介于[1970,2023]
你输入的月份无法通过数据验证，请检查。月份必须介于[1,12]
你输入的日无法通过数据验证，请检查。日必须介于[1,31]
产品名称          产品类型          生成时间          产品状态
龙芯一号          CPU              2023年5月17日      出厂检验合格

产品状态信息参数异常，请检查。
- - - - - - - - - -
testProductID测试通过
testDateInProduced测试通过
testProductToString测试通过
testProduct测试通过
```

图 6-22　产品类 Product 测试程序运行结果

⚠点拨

（1）构造方法和 setter 方法都需要检查赋值参数是否符合赋值规范要求。

（2）产品的 toString 方法需要将 pid 和 status 转换为对应的中文含义，而不是简单输出值。

（3）在 MyDate 类中，如果只有年月日信息，那么输出仅包含年月日信息；如果有时分秒，则输出年月日时分秒。

## 设计性实验——茶叶类 Tea

某茶厂需要借助信息化来管理茶叶的生产过程，为此需要设计一个名为 Tea 的类来代表茶叶。这个类要满足以下要求。

（1）茶叶分为绿茶（GREENTEA，0）、红茶（BLACKTEA，1）、乌龙茶（OOLONGTEA，2）、白茶（WHITETEA，3）、黄茶（YELLOWTEA，4）、黑茶（DARKGREENTEA，5），将这些类别设置为静态常量。

（2）茶叶的类型、生产日期、保质期、品牌、价格等属性为私有属性；要求类型只能选择（1）中提到的分类类型；生产日期为 Date 类型；保质期为 long 类型，表示多少天；品牌为 String 类型。

（3）提供上述参数的设置和获取的方法。

（4）茶厂出厂的茶叶的参数需要通过初始化块进行初始化，提供给经销商时，允许经销商通过构造方法调整品牌、价格等初始化信息。

（5）提供茶叶保存方法、泡制方法、计算当前时间距离保质期结束的时间的方法。

（6）提供测试代码，要求实现该类的设计，满足上述功能要求。

【参考程序 6.8】

```java
public class TeaDemo {
    private static Scanner input;
    private static PrintStream out;
    static {
        input = new Scanner(System.in,"UTF-8");
        try {
            out = new PrintStream(System.out,false,"UTF-8");
        } catch (UnsupportedEncodingException e) {
            e.printStackTrace();
        }
    }
    public static void main(String[] args) {
        String msg = "-----------\n";
        msg += "testConstruction 测试 " + (testConstruction() ? " 通过 " : " 不通过 ") + "\n";
        msg += "testSetter 测试 " + (testSetter() ? " 通过 " : " 不通过 ") + "\n";
        out.println(msg);
    }
    public static boolean testConstruction() {
        boolean bRtn1 = false;
        Tea mingqianlongjing = new Tea();
        String answer = " 南湖龙井的 GREENTEA 生产于 2023-12-3 18:15:30 售价 108.66 保质期 180 天请在 2024-5-31 18:15:30 前饮用。";
        if(answer.equals(mingqianlongjing.toString()))
            bRtn1 = true;
        boolean bRtn2 = false;
        mingqianlongjing = new Tea(2, Date.from(Instant.parse("2021-12-03T10:15:30Z")), 30, " 茶　道　人　生 ", 123.45);
        answer = " 茶道人生的 OOLONGTEA 生产于 2021-12-3 18:15:30 售价 123.45 保质期 30 天请在 2022-1-2 18:15:30 前饮用。";
        if(answer.equals(mingqianlongjing.toString())) {
            bRtn2 = true;
        }
        return bRtn1 && bRtn2;
    }
    public static boolean testSetter() {
        boolean bRtn1 = false;
        Tea tieguanyin = new Tea();
        tieguanyin.setType(12);
        String answer = " 南湖龙井的 GREENTEA 生产于 2023-12-3 18:15:30 售价 108.66 保质期 180 天请在 2024-5-31 18:15:30 前饮用。";
        if(answer.equals(tieguanyin.toString()))
            bRtn1 = true;
```

```
            boolean bRtn2 = false;
            tieguanyin.setType(1);;
            answer = " 南湖龙井的 BLACKTEA 生产于 2023-12-3 18:15:30 售价 108.66 保质期 180 天请在 2024-5-31
18:15:30 前饮用。";
            if(answer.equals(tieguanyin.toString())) {
                bRtn2 = true;
            }
            boolean bRtn3 = false;
            tieguanyin.setPrice(-128);
            if(answer.equals(tieguanyin.toString())) {
                bRtn3 = true;
            }
            boolean bRtn4 = false;
            tieguanyin.setExpirationDay(-28);;
            if(answer.equals(tieguanyin.toString())) {
                bRtn4 = true;
            }
            return bRtn1 && bRtn2 && bRtn3 && bRtn4;
        }
        public static boolean testPreservationMethod() {
            return true;
        }
    }
```

程序运行结果如图 6-23 所示。以上只列出部分代码，完整代码见配套资源。

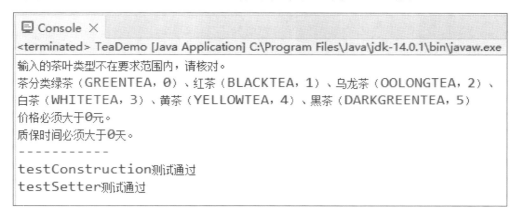

图 6-23　茶叶类 Tea 测试代码运行结果

**⚠点拨**

（1）Date 类中的很多方法已经不建议使用，在对 Date 赋值时可以借助 java.time.Instant 类实现。例如，"Date date = Date.from(Instant.parse("2023-12-03T10:15:30.00Z"));" 可以实现给指定日期的 date 赋值，"date.toInstant().plus(expirationDay,ChronoUnit.DAYS)" 实现指定日期的加操作。

（2）模仿提供的测试类，补充测试方法，实现其他未覆盖方法的测试。

拓展训练

（1）来自外部的数据进入时都必须做检查，以满足业务逻辑的需要；在类的设计中，尽量统一外部数据的检查点。思考这些检查代码放在构造方法中还是 setter 方法中更合适？

（2）初始化块在构造方法的哪个阶段执行？

（3）单例类中提供的对象创建方法不是 public 的，这个单例类还能使用吗？如果可以，请描述在什么场景下能使用？如果不能，请说明理由。

# 第 7 单元

## 继承与多态

单元导读

继承是生物进化发展的重要手段，后代以前代为基础，通过继承和迭代更新可以演绎出更加强大的能力。Java 语言的设计借鉴了这种机制，可以实现仅增加较少的代码，就可以重复利用原有的类中的功能，改造原有的类中的功能，最后扩展出新的功能。在中国的文化中有许多词句能够帮助你更好地理解本章知识，如"取其精华，去其糟粕""站在前人肩膀上，不盲从，不踟蹰，择大道而行""夫兵形象水，水之形避高而趋下，兵之形避实而击虚；水因地而制流，兵因敌而制胜。故兵无常势，水无常形。能因敌变化而取胜者，谓之神"，请结合本单元知识，体会其中蕴含的博大思想。

## 知识要点

继承是 Java 代码复用的一种重要的形式。子类通过继承父类的成员，增加自己特有的成员，覆盖父类同名成员等操作，可以在复用父类代码的同时灵活扩展子类的功能。在 Java 中定义的每一个类都隐式地继承了一个已存在的类——Object 类。在本单元中，读者需要学习父类、子类、super 关键字以及 Object 类的基本使用，理清多态和动态绑定的概念和关系，探讨修饰符 protected 和 final 的作用。

前期要求掌握的知识：通过继承父类来创建子类；利用 super 关键字调用父类的构造方法和方法；覆盖的含义；Object 类中常用的成员变量和方法；多态和动态绑定；父类引用指向子类对象；修饰符 protected 和 final 的作用；组合类和对象复制。

本单元用到的实验相关的理论或原理：子类从父类中继承可继承的成员；子类新增成员；新增的成员与父类成员重名时，子类成员会覆盖父类成员；子类中通过 super 关键字可显示调用父类中的成员。

访问修饰符和父类子类所处的包位置对成员可见性有不同的影响。

1. 继承

继承使得程序员可以定义一个通用的类（即父类），然后子类继承该类，在此基础上刻画一个更特殊的类。使用 extends 关键字标识继承。Java 实现继承有三个步骤：首先继承父类中的所有成员，然后增加子类中特有的成员，最后调整父类中的成员和子类中新增成员的关系。

父类中被定义为私有的成员在子类中不可见；父类中定义为保护的成员和公有的成员在子类中可见。子类可以重载父类的成员方法。子类可以重写父类的成员方法。

Java 不支持多重继承，即一个子类只能拥有一个父类。Object 是根类，所有 Java 的类都直接或者间接继承于它。

**2. 多态**

引用变量在编译时以声明的类型为依据，而其在实际运行时以实际指向的对象为准。程序的这种编译时和运行时的不一致情况就是运行时多态。它的理论原理是一般引用变量可以指向特殊对象，即父类的引用可以指向子类的对象。

**3. 组合类和内部类**

组合类是指定义类时，使用其他类的对象作为其类成员。那么这两个类之间存在整体和部分之间的关系，即 A has B 的关系。

内部类是指在类定义的内部出现了另一个类的定义。内部类通常仅在包含类（外部类）内部使用。

# 实验 1  子类的派生与方法覆盖

### 知识目标

理解继承的概念，掌握类的继承、方法覆盖；理解继承的构造过程，掌握 super 关键字的使用；掌握修饰符 protected、final 的含义和使用；理解内部类的使用场景，掌握类定义的嵌套、内部类访问的有效范围。

子类的派生与
方法覆盖

### 能力目标

能够针对具体问题表述面向对象程序设计的继承的概念和相关关系；能够运用 Java 语言知识分析具体问题中的继承特征。

### 素质目标

培养良好的职业道德，做好实验前的各项准备工作，独立开展实验任务，勇于创新。

## 验证性实验——冷兵器类 ColdWeapon

定义冷兵器类时，需要描述棍、双节棍、矛、戟等具体的兵器。

棍的历史悠久，是原始社会主要的生产工具之一，也是最早用于战争的武器之一，如图 7-1 所示。棍的长度约为 1.3~2.6 米，有的长达 4 米，棍的截面一般为圆形，粗细以单手能够把握为准。棍是近战搏斗兵器。棍的主要招式有打、揭、劈、盖、压、云，扫、穿、托、挑、撩、拨等。

双节棍又名二节棍、双截棍、两节棍、二龙棍，是中国古代流传下来的一件武器，如图 7-2 所示。双节棍短小精悍、威力巨大。双节棍的技法分为攻击、防守、反击三部分，动作变化无穷，其主要招式有劈、扫、打、抽、提、拉等。

矛是重兵器，矛的杆由枣木或精钢制成，如图 7-3 所示。它基本没有韧性，矛头的刃面比较长，像匕首或短剑，能砍也能刺，其主要招式有捅、戳、刺、扎等。

戟是在戈和矛的基础上演化而来的。它集戈、矛两种兵器的优点于一身，在古代冷兵器战争中曾发挥过极其重要的作用，如图 7-4 所示。其主要招式有剁、刺、勾、片、探、挂搂、磕、冲铲、回砍、横刺、下劈刺、斜勒，横砍、截割等。

图 7-1  棍　　　　图 7-2  双节棍　　　　图 7-3  矛　　　　图 7-4  戟

【参考程序 7.1】

```java
public class ColdWeaponTest {
    private static PrintStream out;
    static {
        try {
            out = new PrintStream(System.out, true, "UTF-8");
        } catch (UnsupportedEncodingException e) {
            e.printStackTrace();
        }
    }
    public static void main(String[] args) {
        crossLine("testGun()", 78, '~');
        testGun();
        crossLine("testShuangJieGun()", 78, '*');
        testShuangJieGun();
        crossLine("testMao()", 78, '-');
        testMao();
        crossLine("testJi()", 78, '*');
        testJi();

    }


    private static boolean testGun() {
        boolean bRtn = false;
        Gun gun = new Gun();
        gun.setInfo(" 棍是一种武术兵器，也被称作"棒"，古代多称棍为"梃"，名称虽异，"
                + " 实为一物。棍是无刃的兵器，素有"百兵之长"之称。");
        gun.setLength(2.2f);
        gun.setThickness(2.5f);
        display(gun.getInfo());
        display(gun.attack());
        display(gun.defend());
        return bRtn;
    }


    private static boolean testShuangJieGun() {
        boolean bRtn = false;
        ShuangJieGun sJGun = new ShuangJieGun();
        sJGun.setInfo(
                " 双节棍又名二节棍、双截棍、两节棍、二龙棍，是中国古代流传下来的一件 "
                + " 奇门武器。短小精悍，威力巨大，普通人也可以打出 160 斤以上的力。"
                + " 熟练后有如两臂暴长，如虎添翼。");
        sJGun.setLength(2.2f);
        sJGun.setThickness(2.5f);
        display(sJGun.getInfo());
        display(sJGun.attack());
        display(sJGun.defend());
        return bRtn;
    }
```

```java
private static boolean testMao() {
    boolean bRtn = false;
    Mao mao = new Mao();
    mao.setInfo(
            "矛是古代的长兵器。别名有稍、镟、长铫等，通体铁制，由矛头、矛柄、"
            + "矛镈三部分组成。矛头长二尺余，扁平，弯曲如蛇行，两面有刃，"
            + "故又称"蛇矛"。另一种矛头长七八寸，形如枪头，呈棱形。"
            + "其下与矛柄相接，矛柄也可以硬木制之，粗如盈把，长一丈六尺有余。"
            + "矛镈是柄尾之饰物，也有铜制者，呈锥尖形，可使矛插地而不倒。");
    mao.setLength(2.2f);
    mao.setThickness(2.5f);
    display(mao.getInfo());
    display(mao.attack());
    display(mao.defend());
    return bRtn;
}

private static boolean testJi() {
    boolean bRtn = false;
    Ji ji = new Ji();
    ji.setInfo(
            "戟，是戈和矛的合体，也就是在戈的头部再装矛尖。具有勾斫和刺击双重"
            + "功能的格斗兵器。戟的出现在我国推动了战国时期的到来。");
    ji.setLength(2.87f);
    ji.setThickness(2.5f);
    display(ji.sao(2));
    display(ji.getInfo());
    display(ji.attack());
    display(ji.defend());
    return bRtn;
}

/**
 * 显示 str 字符串的内容到控制台上，默认显示字符宽度为 45
 *
 * @param str
 */
public static void display(String str) {
    Scanner sc = new Scanner(str);
    int index = 0;
    int width = 45;
    StringBuffer sb = new StringBuffer();
    while (sc.hasNextLine()) {
        StringBuffer line = new StringBuffer(sc.nextLine());
        while (index + width < line.length()) {
            index += width;
            line.insert(index, "\n");
            index++;
        }
        sb.append(line + "\n");
        index = 0;
    }
```

```java
            out.println(sb);
            sc.close();
    }

    /**
     * 在控制台上显示分隔行
     * @param str          需要在分隔行中显示的字符
     * @param width        分隔行的宽度
     * @param decollator   分隔符
     */
    public static void crossLine(String str, int width, char decollator) {
        int countOfDecollator = 0;
        int lines = 1;
        int len = str.length();
        if (str.length() < width) {
            countOfDecollator = width - str.length();
        } else {
            while (len > width) {
                len /= 2;
                lines++;
            }
            countOfDecollator = width - str.length() / lines;
        }
        int before = countOfDecollator % 2 == 0 ? countOfDecollator / 2: countOfDecollator / 2 + 1;
        int after = countOfDecollator % 2 == 0 ? countOfDecollator / 2: countOfDecollator / 2;
        int cWords = str.length() / lines;
        for (int idx = 0; idx < lines; idx++) {
            for (int i = 0; i < before; i++) {
                out.print(decollator);
            }
            if (idx == lines - 1) {
                out.print(str.substring(idx * cWords));
            } else {
                out.print(str.substring(idx * cWords, idx * cWords + cWords));
            }
            for (int i = 0; i < after; i++) {
                out.print(decollator);
            }
        }
        out.println();
    }
}
```

相关的实现类代码请参考配套资源。冷兵器 Demo 的运行结果如图 7-5 所示。

```
Console ×
<terminated> ColdWeaponTest [Java Application] C:\Program Files\Java\jdk-14.0.1\bin\javaw.exe
~~~~~~~~~~~~~~~~~~~~~~~~~~~~~~~~testGun()~~~~~~~~~~~~~~~~~~~~~~~~~~~~~~~~~
棍是一种武术兵器，也被称作"棒"，古代多称棍为"梃"，名称虽异，实为一物。棍为无刃的兵器，
素有"百兵之长"之称。

Gun#attack          Gun#da   棍法之打，棍打一大片。
Gun#pi   棍法之劈，棍由上向下为劈。劈棍要求迅猛有力，力达棍梢。
Gun#sao  棍法之扫，棍梢在腰部以下水平抡摆；或尽量以棍梢贴地，棍身倾斜抡摆为扫。扫棍
要求迅猛有力，力达棍梢。

Gun#defend
武，止戈为武。武是停止干戈，消停战事的实力。德，以仁、义为核心理念、以上、止、正为行为操守
的言行举止。

*************************testShuangJieGun()*************************
双节棍，短小精悍，威力巨大，普通人也可以打出160斤以上的力，双节棍的技术分为攻击、防守、
反击三部分。动作变化无穷，其招分为劈、扫、打、抽、提、拉等。

ShuangJieGun#attack
ShuangJieGun#pi  劈是双节棍的主要技法，以正摇棍为变化，则可以增加劈棍动作，
即正摇棍同时，顺棍子方向，向前斜劈棍打出，也可以直接下劈打出，在摇棍时还可以顺着棍子的力道
作截棍或是挂棍的动作，即所为的移动中的防守技法，也可做闪身斜劈棍。
ShuangJieGun#sao          横扫六合：以夹棍式开始，松臂，翻腕带动游离棍向前、向上撩
起。棍至手臂上方时，转腕带动游离棍在两臂外侧向后转动，至与手臂相平时，右手棍横扫向左侧，
左手棍横扫向右侧，再以后腰停棍、弹棍，右手棍向右扫回，左手棍向左扫回。扫至身体两侧时，转
腕带动游离棍在手臂外侧向前方转动。转动一周后正好收至腋下，恢复成夹棍式。
ShuangJieGun#da  棍法之打，棍打一大片。
ShuangJieGun#liao         钟鼓齐鸣双手叠棍起运棍上撩，腋下回棍上撩，右棍左下劈右
上撩，同时左手腋下回棍上撩接右手腋下回棍左手上撩，开天辟地右脚在前，双手运棍上撩下劈，上撩
并腿分腿下劈，借击腿之力反弹上撩左腿上步夹棍收。

ShuangJieGun#defend
武，止戈为武。武是停止干戈，消停战事的实力。德，以仁、义为核心理念、以上、止、正为行为操守
的言行举止。
```

图 7-5　冷兵器 Demo 运行结果部分截图

## 验证性实验——在 Printer 类的基础上定义扫描打印一体机类

在 Printer 打印机类的基础上实现扫描打印一体机类 AllInOneMachine，其中包括如下内容。

（1）扫描方式包括手动方式和自动方式。手动方式由人工将待扫描文件放到扫描台上进行扫描；自动方式由人工将待扫描的文件放入自动卷纸机中，设备可以自动获取文件进行连续扫描。为此，需要增加扫描功能 int scan(String source,String target)，source 表示待扫描文件的所在位置，定义一个扫描类型属性，分为平板扫描（定义常量 PLATFORMSCAN 表示）和自动扫描（定义常量 TRACTORSCAN 表示），target 表示扫描后的文件存放路径。

（2）增加复印功能 public int copy(String source,int count,int mode)，其中复印数量 count 的默认值为 1。mode 表示复印模式，分为逐份复印和按页复印，0 表示逐份复印，1 表示按页复印。

（3）定义简单复印功能函数实现复印 1 份，方法头为 public int copy(String source)，source 表示源文件，仅支持纯文本文件。

（4）覆盖 public void print(char c)，在 c 字符输出的内容前后加上中括号，如字符"J"输出结果为"[J]"。

（5）覆盖 public void print(String str)，在 str 字符串前后加上双引号，如字符串"伟大复兴"输出结

果为'"伟大复兴"'。

场景：现在有一台打印机和一台扫描仪，需要虚拟出一台一体机，实现复印功能。

编写应用程序模拟打印机完成一个字的打印，一行字的打印以及一段文字的打印。每行可以打印 20 个字符，每页可以打印 21 行。

【参考程序 7.2】

```
/**
 * 扫描打印一体机继承打印机类
 * 1. 继承打印机类中的所有属性和方法
 * 2. 增加每页最大打印行数
 * 3. 增加扫描功能和复印功能
 * 4. 覆盖打印功能
 */
public class AllInOneMachine extends Printer{
    public final int LINESOFPAGE = 21;// 每页需要有多少行
    private int printedLines;
    /**
     * 将文字转换为图片
     * @param content 需要转换成图片的字符串内容
     * @param targetFilePath 图片的保存路径
     * @param count 同名图片中的第几张，如果文字太多无法容纳在一张图片中则需要保存成多张图片。count
如果大于 0 则文件名后增加数字，否则忽略 count。
     * @return
     */
    private boolean createImageFile(String content,String targetFilePath ,int count) {
        // 具体实现方法已经提供，见教材所附的配套资源
    }
    private String readFileContent(String source) {
        // 具体实现方法已经提供，见教材所附的配套资源
    }
    * 扫描文件 source 中的内容，按照每页 LINESOFPAGE 行，每行 lineMaxWords 字符保存到 target 文件中。
如果超过 1 页，则在 target 文件名中增加页码
     * @param source 源文件，仅支持纯文本文件
     * @param target 目标文件
     * @return 扫描形成的图片页数
     */
    public int scan(String source,String target) {
        int iRtn = -1;
        String content = "";
        content = readFileContent(source);
        StringBuffer sbPage = new StringBuffer();
        // 补充代码，实现每行不超过 lineMaxWords 字符；每页不超过 LINESOFPAGE 行
    }
    /**
     * 简单复印功能，复印 1 份
     * @param source 源文件，仅支持纯文本文件
     * @return 拷贝文件的页数
     */
    public int copy(String source) {
        int iRtn = -1;
```

```
        // 补充代码
        return iRtn;
    }
    /**
     * @param source 复印的内容
     * @param count 复印的份数
     * @param mode 复印模式，选项有逐份复印模式和按页复印模式
     * 0 表示逐份正序复印，如 123，123，123 方式
     * 1 表示每页逐份正序复印，如 111，222，333
     * @return 拷贝文件的页数
     */
    public int copy(String source,int count,int mode){
        int iRtn = -1;
        // 补充代码
        return iRtn;
    }
    /**
     * 在输出的字符前后加上中括号
     */
    @Override
    public void print(char c) {
        // 补充代码，在 c 字符输出的内容前后加上中括号
    }
    @Override
    public void print(String s) {
        // 补充代码，在 s 字符串输出的内容前后加上双引号
    }

}
```

测试代码如下：

```
public class Test extends Application {
    public static void main(String[] args) {
        // 提醒，启动图形工作
        launch(args);
    }
    @Override
    public void start(Stage primaryStage) throws Exception {
        // 提醒，这是 JavaFX 的启动方法，在此添加测试代码即可
        testPrint();
        testCopy();
        testScan();
        // 提醒，不要去掉下面的代码
        Platform.exit();// 关闭窗口
        System.exit(0);// 关闭程序
    }
    public boolean testPrint() {
        boolean bRtn = false;
        AllInOneMachine all = new AllInOneMachine();
        String str = "1234567890abcdefghijkm\nnopqrstuvwxyz 嘉兴红船 Ja\nva 语言程序设计 ";
        all.print(str);
```

```
            all.printParent(str);
            return bRtn;
    }

    public boolean testCopy() {
            boolean bRtn = false;
            AllInOneMachine all = new AllInOneMachine();
            String str = "data/source.txt";
            all.copy(str);
            all.copy(str,2,1);
            all.copy(str,1,2);
            return bRtn;
    }

    public boolean testScan() {
            boolean bRtn = false;
            AllInOneMachine all = new AllInOneMachine();
            String source = "data/source.txt";
            String target = "image/target.png";
            System.out.println(all.scan(source, target));
            return bRtn;
    }
}
```

一体机测试程序运行结果如图 7-6 和图 7-7 所示，产生的扫描结果如图 7-8 所示。完整源码见配套资源。

```
🖳 Console ✕
<terminated> AllInOneMachineTest (20) [Java Application] C:\Program Files\Java\jdk-14.0.1\bin\javaw.exe
------testPrint方法输出结果如下：------
"[1][2][3][4][5][6][
7][8][9][0][a][b][c]
[d][e][f][g][h][i][j
][k][m][
][n][o][p][
q][r][s][t][u][v][w]
[x][y][z][嘉][兴][红][船
][J][a][
][v][a][语][
言][程][序][设][计]"
-----------
12345
67890abcdefghijkm
no
pqrstuvwxyz嘉兴红船Ja
va
语言程序设计
-----------
```

图 7-6 一体机测试程序运行结果部分截图 1

```
Console ×
<terminated> AllInOneMachineTest (20) [Java Application] C:\Program Files\Java\jdk-14.0.1\bin\javaw.exe
------testCopy方法输出结果如下：------
（一）明确中国特色社会主义最本质的特征是中国共产党领导，中国特色社会主义
制度的最大优势是中国共产党领导，中国共产党是最高政治领导力量，全党必须增
强"四个意识"、坚定"四个自信"、做到"两个维护"；
（二）明确坚持和发展中国特色社会主义，总任务是实现社会主义现代化和中华民
族伟大复兴，在全面建成小康社会的基础上，分两步走在本世纪中叶建成富强民主
文明和谐美丽的社会主义现代化强国，以中国式现代化推进中华民族伟大复兴；
（三）明确新时代我国社会主要矛盾是人民日益增长的美好生活需要和不平衡不充
分的发展之间的矛盾，必须坚持以人民为中心的发展思想，发展全过程人民民主，
推动人的全面发展、全体人民共同富裕取得更为明显的实质性进展；
（四）明确中国特色社会主义事业总体布局是经济建设、政治建设、文化建设、社
会建设、生态文明建设五位一体，战略布局是全面建设社会主义现代化国家、全面
深化改革、全面依法治国、全面从严治党四个全面；
（五）明确全面深化改革总目标是完善和发展中国特色社会主义制度、推进国家治
理体系和治理能力现代化；
（六）明确全面推进依法治国总目标是建设中国特色社会主义法治体系、建设社会
主义法治国家；
```

图 7-7 一体机测试程序运行结果部分截图 2

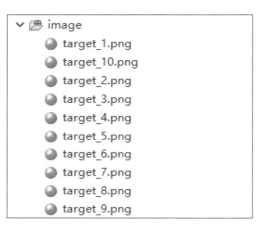

图 7-8 一体机测试程序运行产生的扫描结果

## 验证性实验——在 Timer 类的基础上定义时钟 Clock 类和手表 Watch 类

供应商提供了一个计时器 Timer 类（见本教材配套资源），现在需要以这个计时器为基础构建一个时钟 Clock 类和手表 Watch 类。

（1）Timer 类的说明书显示，该类的 referenceTime 属性表示计时器的基准时间，granularity 属性表示计时器的颗粒度（纳秒、毫秒、秒、分、小时、天），stopTime 属性表示结束时间，status 属性表示计时器的运行状态（1 表示计时中、2 表示暂停、3 表示终止、4 表示计时就绪）。

（2）Timer 类包含开始计时方法 start、终止计时方法 terminate、暂停计时方法 pause、恢复计时和计时器显示方法 display，通过 init 方法对类成员属性进行初始化。

（3）Watch 类的说明书显示，该类是数字手表，除了计时外，还能获取年月日时分秒等信息。

（4）Clock 类的说明书显示，该类除了提供 Watch 类的功能外还提供定时闹铃功能。

编写应用程序，在这个 Timer 类的基础上实现 Clock 类和 Watch 类。并编写测试程序测试它们的功能。

【参考程序 7.3】

```java
public class Test {
    public static void main(String[] args) {
        System.out.println("testDisplay:");
        testDisplay();
        System.out.println("testDisplay2:");
        testDisplay2();
        System.out.println("testWatchStart:");
        testWatchStart();
        System.out.println("testClockAlarm:");
        testClockAlarm();
    }

    public static void testDisplay() {
        Timer timer = new Timer();
        timer.display();
        timer.init();
        timer.display();
        Instant startInstant = Instant.now();
        timer.start(startInstant);
        timer.display();
        Instant pauseInstant = startInstant.plusSeconds(1000);
        timer.pause(pauseInstant);
        timer.display();
        Instant recoverInstant = pauseInstant.plusSeconds(5000);
        timer.recover(recoverInstant);
        timer.display();
        Instant terminateInstant = recoverInstant.plusSeconds(2000);
        timer.terminate(terminateInstant);
        timer.display();
    }

    public static void testDisplay2() {
        Timer timer = new Timer();
        timer.display();
        timer.init();
        timer.display();
        Instant startInstant = Instant.now();
        timer.start(startInstant);
        timer.display();
        long sum = 0;
        for(int i = 0; i < 10000; i++) {
            sum += i;
            try {
                Thread.sleep(10);
// 让本线程进入睡眠状态 10ms，模拟程序处理一些事务所要花费的时间
            } catch (InterruptedException e) {
                e.printStackTrace();
            }
            if(i == 1234) {
                timer.pause();
                timer.display();
            }
```

```
            if(i == 2456) {
                timer.recover();
                timer.display();
            }
        }
        timer.terminate();
        timer.display();
    }

    public static void testWatchStart() {
        Watch watch = new Watch();
        watch.setDateTime(2023, 2, 20, 0, 0, 0);
        watch.start();
    }

    public static void testClockAlarm() {
        MyClock myClock = new MyClock();
        myClock.alarm();
        myClock.display();
        LocalDateTime ldt =LocalDateTime.now();
        myClock.setAlarmTime(ldt.getYear(), ldt.getMonthValue(), ldt.getDayOfMonth(), ldt.getHour(), ldt.
getMinute(), ldt.getSecond() + 1);
        myClock.alarm();
    }
}
```

测试程序运行结果如图 7-9 所示。完整源码见配套资源。

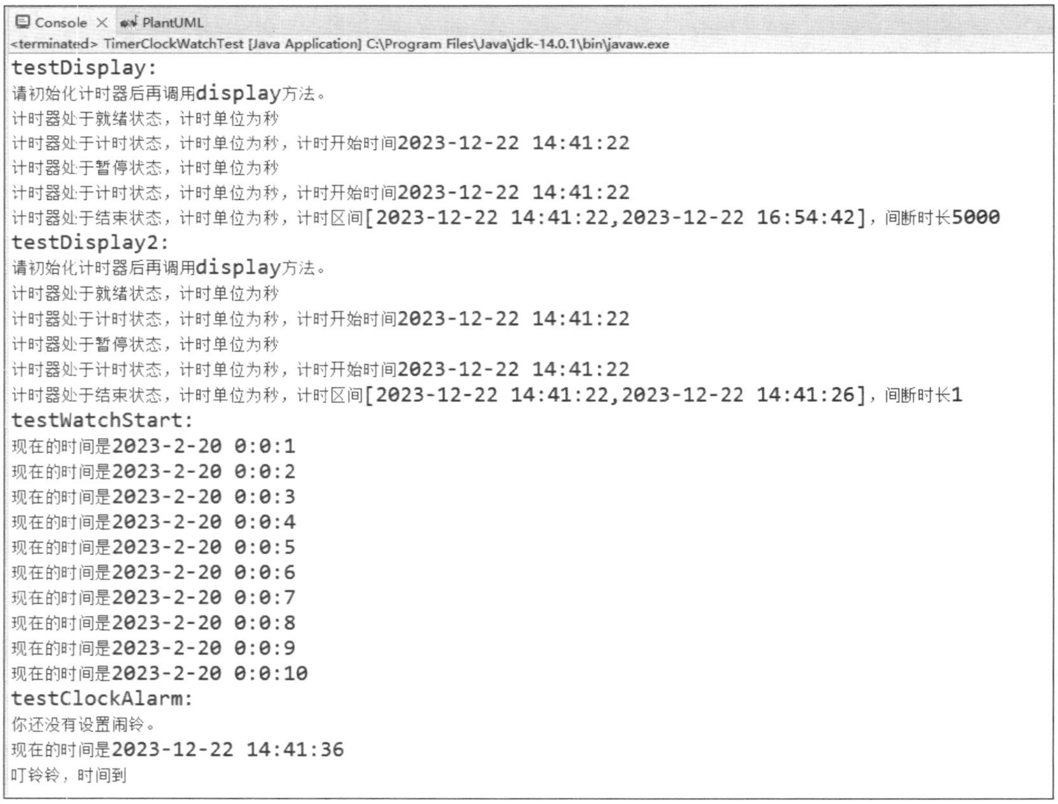

```
Console × PlantUML
<terminated> TimerClockWatchTest [Java Application] C:\Program Files\Java\jdk-14.0.1\bin\javaw.exe
testDisplay:
请初始化计时器后再调用display方法。
计时器处于就绪状态，计时单位为秒
计时器处于计时状态，计时单位为秒，计时开始时间2023-12-22 14:41:22
计时器处于暂停状态，计时单位为秒
计时器处于计时状态，计时单位为秒，计时开始时间2023-12-22 14:41:22
计时器处于结束状态，计时单位为秒，计时区间[2023-12-22 14:41:22,2023-12-22 16:54:42]，间断时长5000
testDisplay2:
请初始化计时器后再调用display方法。
计时器处于就绪状态，计时单位为秒
计时器处于计时状态，计时单位为秒，计时开始时间2023-12-22 14:41:22
计时器处于暂停状态，计时单位为秒
计时器处于计时状态，计时单位为秒，计时开始时间2023-12-22 14:41:22
计时器处于结束状态，计时单位为秒，计时区间[2023-12-22 14:41:22,2023-12-22 14:41:26]，间断时长1
testWatchStart:
现在的时间是2023-2-20 0:0:1
现在的时间是2023-2-20 0:0:2
现在的时间是2023-2-20 0:0:3
现在的时间是2023-2-20 0:0:4
现在的时间是2023-2-20 0:0:5
现在的时间是2023-2-20 0:0:6
现在的时间是2023-2-20 0:0:7
现在的时间是2023-2-20 0:0:8
现在的时间是2023-2-20 0:0:9
现在的时间是2023-2-20 0:0:10
testClockAlarm:
你还没有设置闹铃。
现在的时间是2023-12-22 14:41:36
叮铃铃，时间到
```

图 7-9　测试程序运行结果

## 设计性实验——教务管理系统中多种人员对应不同功能

某高校需要开发一套教务管理系统，系统面向学生、教师、教务管理职员等人员，不同人员能使用的功能不一样，具体要求如下。

（1）系统使用前需要用户登录系统，为此需要定义一个用户类 User 来描述登录人员的信息和行为。

（2）教师 Teacher 和教务管理职员 AcademicAdministrationStaff 能够在自己的职权范围内查看、修改、打印相关学生的成绩。

（3）学生 Student 能够查看、打印自己的成绩。

（4）利用 User 类为 Teacher、AcademicAdministrationStaff 和 Student 类提供系统的登录功能。

请根据要求编写程序实现教务管理系统，教务管理系统测试程序输出结果如图 7-10 所示。

```
Console ×
<terminated> MsTest [Java Application] C:\Program Files\Java\jdk-14.0.1\bin\javaw.exe (2023年5
   id  sid     sName  cid    cName    score   tid    tName
    1    1   xiaoming    1     java     87.0     1  zhangsan
    2    2     xiaoli    2       os     97.0     2      lisi
    3    3    xiaocui    3     math     87.0     3   wangwu
    4    4     xiaoyu    1     java     67.0     4  zhaoliu
    5    5   xiaotang    3     math     87.0     1  zhangsan
    6    6    xiaosun    2       os     77.0     2      lisi
    7    7  xiaozhang    3     math      0.0     3   wangwu
    8    8     xiaoqi    2       os     87.0     4  zhaoliu
    9    9    xiaowei    1     java     47.0     2      lisi
   10   10     xiaoye    1     java     87.0     3   wangwu
   11    1   xiaoming    3     math     57.0     1  zhangsan
   12    2     xiaoli    2       os     83.0     4  zhaoliu
   13    3    xiaocui    2       os     37.0     4  zhaoliu
   14    4     xiaoyu    3     math      4.0     2      lisi
   15    5   xiaotang    1     java     26.0     1  zhangsan
   16    6    xiaosun    1     java     17.0     3   wangwu
   17    7  xiaozhang    3     math     88.0     3   wangwu
   18    8     xiaoqi    2       os     82.0     2      lisi
   19    9    xiaowei    1     java     53.0     1  zhangsan
   20   10     xiaoye    2       os     81.0     4  zhaoliu
   21    1   xiaoming    3     math     40.0     1  zhangsan
   22    2     xiaoli    1     java     83.0     2      lisi
   23    3    xiaocui    2       os     37.0     3   wangwu
   24    4     xiaoyu    3     math     67.0     4  zhaoliu
```

图 7-10　教务管理系统测试程序输出结果

## 设计性实验——交通卡类

某公交系统提供几种消费卡供客户选择，包括普通卡、单次卡、月卡。现在需要为这个公交系统设计消费卡，分别实现上面 3 种类型的卡的功能，并且设计和实现一个刷卡机管理进出站、自动识别并操作各种消费卡，具体要求如下。

（1）普通卡（CustomerCard）为当日有效卡，需要记录售卡时间、面值、进站时间、进站名称、出站时间、出站名称，提供判断卡有效状态的方法、刷卡方法、进站方法和出站方法（出站后回收卡片）。

（2）单次卡（CountCard）在普通卡的基础上记录所有的乘车信息。

（3）月卡（MonthCard）在普通卡的基础上，每天限乘车 4 次，从购卡日开始 31 日内（含购卡日）内使用。该卡需要记录所有乘车信息，还需要提供卡片的有效期。

普通卡、单次卡和月卡的功能点测试结果如图 7-11 至图 7-13 所示。

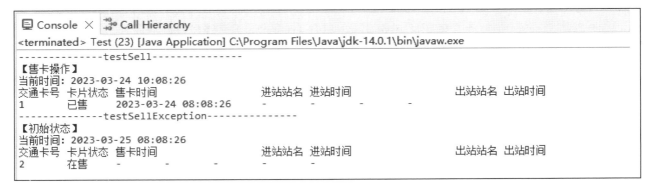

图 7-11　普通卡功能点测试结果

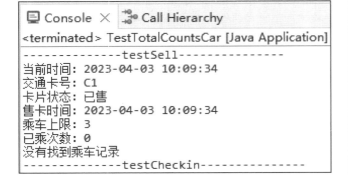

图 7-12　单次卡功能点测试结果

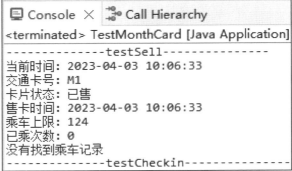

图 7-13　月卡功能点测试结果

## 设计性实验——LinkedList 类

请设计一个 LinkedList 类实现单向链表的功能，要求满足下面的要求并通过测试程序的测试。

（1）LinkedList 类包含首结点 head 和表示链表结点个数的 size。

（2）在 LinkedList 类内定义一个内部类 Node 表示结点，Node 结点提供整型的 value 数据，并提供一个 next 的 Node 引用指向下一个结点。

（3）LinkedList 类能够提供结点的增加（insert）、删除（delete）和查询（find）等功能。

（4）编写测试代码对 LinkedList 的实现进行测试。

LinkedList 测试程序运行结果如图 7-14 所示。

```
Console ×
<terminated> LinkedListTest [Java Application] C:\Program Files\Java\jdk-14.0.1\bin\javaw.exe
----------------下面测试insert方法------------------
在空列表中插入一个元素1
当前列表有1个元素，按降序排列，各元素为：1
在列表中插入一个元素2
当前列表有2个元素，按降序排列，各元素为：2      1
在列表中插入一个元素3
当前列表有3个元素，按降序排列，各元素为：3      2        1
在列表中插入一个元素4
当前列表有4个元素，按降序排列，各元素为：4      3        2        1
在列表中插入一个元素52
当前列表有5个元素，按降序排列，各元素为：52     4        3        2        1
----------------下面测试remove方法------------------
向空列表中插入一组整数，用空格进行分割，以回车表示结束1 5 2 4 6 7
当前列表有6个元素，按降序排列，各元素为：7      6        5        4        2        1
输入要删除元素的索引值（索引从0开始）0
当前列表有5个元素，按降序排列，各元素为：6      5        4        2        1
输入要删除元素的索引值（索引从0开始）9
当前列表有5个元素，按降序排列，各元素为：6      5        4        2        1
输入要删除元素的索引值（索引从0开始）2
当前列表有4个元素，按降序排列，各元素为：6      5        2        1
----------------下面测试changeOrder方法------------------
向空列表中插入一组整数，用空格进行分割，以回车表示结束8 9 6 4 5 2 14 56 64
当前列表有9个元素，按降序排列，各元素为：64     56       14       9        8        6        5        4        2
测试改变排序，从降序改变为升序
当前列表有9个元素，按升序排列，各元素为：2      4        5        6        8        9        14       56       64
----------------下面测试testOther方法------------------
向空列表中插入一组整数，用空格进行分割，以回车表示结束5
当前列表有1个元素，按降序排列，各元素为：5
测试获取指定索引的元素，输入索引：5
null
当前列表有1个元素，按降序排列，各元素为：5
测试获取指定元素值，输入值：5
null
测试获取替换指定索引元素的值，输入索引和值（用空格分开）：1 2
false
当前列表有1个元素，按降序排列，各元素为：5
测试获取替换指定元素，输入列表中的元素值和新元素的值（用空格分开）：5 6
true
当前列表有1个元素，按降序排列，各元素为：6
```

图 7-14　LinkedList 测试程序运行结果

## 拓展训练

（1）随着代码量的增长，阅读代码和维护代码的难度也会增加。合理地使用代码注释能够帮助程序员管理代码。

（2）使用 JDK 中的 javadoc 命令可以自动生成 Web 形式的帮助文档。

## 实验 2　多态与动态绑定

### 知识目标

掌握多态和动态绑定的程序设计方法；掌握引用类型的强制类型转换；学习 instanceof 运算符；区分组合类和继承的异同。

### 能力目标

能够区分对象引用的声明类型和对象的实际类型，对编译时和运行时的对象类型进行比较；能够使用 instanceof 运算符分析具体运行时对象的类型；能够使用一般的引用指向一般对象或其子类对象，并能运用这一特性实现运行时多态。

内部类多态与
动态绑定

### 素质目标

理解守信的重要性，培养按时、守时的软件交付观念；能够合理规划工作进度和工作强度。

## 验证性实验——物流运输方式类

在运输快递时，快递运营系统会根据快递物品的种类选择公路运输、铁路运输、航空运输、冷链运输等方式。现在需要使用程序模拟这一过程。按照要求设计程序，并验证程序输出结果。

（1）首先建立快递物品类 ExpressItems，它的属性包含寄件人、寄件地址、寄件人联系方式、收件人、收件人地址、收件人联系方式、物品名称、物品尺寸、物品重量、物品价值，它的行为包括必要的构造方法和 getter、setter 方法以及物流方法（寄件人要求的物流方式）等。

（2）在 ExpressItems 的基础上，建立大家电类（MajorAppliances）、服装类（Clothing）、普通食品类（GeneralFood）、冷链物品类（ColdChain）等类别。

（3）分拣系统会根据物品的类型、价格、尺寸、重量等各种因素自主选择物品的物流方式。

【参考程序 7.4】

```java
public class ExpressItems {
    private Person sender;// 寄件人
    private Person receiver;// 收件人
    private Goods goods;// 寄送的物品
    public class Goods {
        private String name;// 物品的名称
        private float width;// 物品的宽度
        private float length;// 物品的长度
        private float height;// 物品的高度
        private float weight;// 物品的重量
        private float price;// 物品的价格
        private boolean coldStorage;// 物品是否需要冷藏，true 表示需要，false 表示不需要
        // 此书省略 Goods 类的构造方法、getter 方法、setter 方法
        @Override
        public String toString() {
            return " 品名 \t" + name + ", 长 * 宽 * 高 \t" + length + "*"
                    + width + "*" + height + ", 重量 \t" + weight
                    + ", 价格 \t" + price + ", 是否需要冷链 \t" + (coldStorage ? " 是 " : " 否 ");
        }
    }
    // 请在这里模仿 Goods 类完成 Person 类的定义
    /**
    * @param sender
    * @param receiver
    * @param goods
    */
    public ExpressItems(Person sender, Person receiver, Goods goods) {
        super();
        this.sender = sender;
        this.receiver = receiver;
        this.goods = goods;
    }
    // 此处省略了 ExpressItems 类的构造方法、getter 方法和 setter 方法
    public String transport() {
        String sRtn = "";
        float distance = getDistance();
        if (distance < 100) {
```

```
                sRtn = " 汽车 ";
            } else if (distance < 800) {
                sRtn = " 火车 ";
            } else if (distance < 1200) {
                sRtn = " 飞机 ";
            } else {
                sRtn = " 轮船 ";
            }
            return sRtn;
        }
        private static float[][] dis = {
                { 0, 1206.7f, 1251.7f, 1243.3f, 1377.8f, 1555.4f, 1339.8f },
                { 1206.7f, 0f, 173.7f, 97.9f, 227.2f, 459.9f, 188.7f },
                { 1251.7f, 173.7f, 0f, 83.7f, 155.6f, 293.9f, 53.8f },
                { 1243.3f, 97.9f, 83.7f, 0f, 171.7f, 373.2f, 99.2f },
                { 1377.8f, 227.2f, 155.6f, 171.7f, 0f, 264.6f, 119.6f },
                { 1555.4f, 459.9f, 293.9f, 373.2f, 264.6f, 0f, 278.2f },
                { 1339.8f, 188.7f, 53.8f, 99.2f, 119.6f, 278.2f, 0f }
        };

        private float getDistance() {
            return dis[sender.address.getValue()][receiver.address.getValue()];
        }
    }
}
//ExpressTest.java
public class ExpressageTest {
    private static Scanner input;
    private static PrintStream out;
    public static void main(String[] args) {
        if(args.length != 1) {
            out.println(" 程序执行需要提供一个 filepath 参数，如 Java ExpressageTest taskfile.txt");
            return ;
        }
        String filepath = args[0];
        ExpressItems[] tasks = null;
        tasks = getTasks(filepath);
        for(ExpressItems ei : tasks) {
            // 补全代码，实现货物分拣运输
        }
    }
    /**
    * 对快件进行分拣运输
    * @param eItems
    */
    private static void execute(ExpressItems eItems) {
        out.println(" 寄件人 ");
        out.println(eItems.getSender());
        out.println(" 收件人 ");
        out.println(eItems.getReceiver());
        out.println(" 物品 ");
        out.print(" 运输方式 ");
        out.println(eItems.transport());
```

```
                    out.println(eItems.getGoods());
                    out.println("_____");
            }
        //省略部分代码
    }
```

物流运输方式类程序部分运行结果如图 7-15 所示。

```
Console ×
<terminated> ExpressageTest [Java Application] C:\Program Files\Java\jdk-14.0.1\bin\javaw.exe
寄件人
姓名    砖儿，地址        beijing，电话    1391234567890
收件人
姓名    阿娇，地址        wenzhou，电话    1361234567890
物品
运算方式轮船
品名    冰箱，长*宽*高    13.0*15.0*115.0，重量    1000.0，价格    4.0，是否需要冷链        否
----------------------------------------
寄件人
姓名    寄奴，地址        shanghai，电话 1391234567891
收件人
姓名    阿斗，地址        ningbo，电话    1361234567891
物品
运算方式汽车
品名    带鱼罐头，长*宽*高        211.0*115.0*52.0，重量    10000.0，价格    45.0，是否需要冷链        否
----------------------------------------
```

图 7-15　物流运输方式类程序部分运行结果

## 验证性实验——特殊物流运输类

由于一些特殊情况，快递企业需要根据实际情况组织物流，为此需要在上个验证性实验的程序的基础上增加对特定类物品的物流保障。例如在疫情期间对封锁区的食品供应需要特殊保障，为此快递分拣系统需要能够识别该类物品，并组织特殊物流途径保障运输。

提示：使用 instanceof 可以找出符合要求的特定类物品。特殊物流运输类程序运行结果如图 7-16 所示。

```
Console ×
<terminated> ExpressageTest2 [Java Application] C:\Program Files\Java\jdk-14.0.1\bin\javaw.exe
寄件人
姓名    张三，地址        beijing，电话    1391234567890
收件人
姓名    阿娇，地址        wenzhou，电话    1361234567890
物品
运输方式轮船
品名    冰箱，长*宽*高    3.0*5.0*15.0，重量        1000.0，价格        100250.0，是否需要冷链    否
----------------------------------------
寄件人
姓名    李四，地址        shanghai，电话 1391234567891
收件人
姓名    阿斗，地址        ningbo，电话    1361234567891
物品
运输方式【食品运输特别通行证】火车
品名    带鱼罐头，长*宽*高        21.0*15.0*52.0，重量    10000.0，价格    1002154.0，是否需要冷链  否
----------------------------------------
```

图 7-16　特殊物流运输类程序运行结果

【参考程序 7.5】

```
/**
 * 对快件进行分拣运输
 * @param eItems
 */
private static void execute(ExpressItems eItems){
        // 请在前例 ExpressageTest 代码的 execute 方法的基础上进行修改
}
```

## 验证性实验——歌词中的多态

《我的祖国》中有这么一句歌词："朋友来了有好酒，若是那豺狼来了，迎接它的有猎枪。"现在借助多态来输出歌词。要求用具体的类实例化用户随意输入的若干个整数，能够被 3 整除的整数用 Person 类实例化，被 3 除余 1 的整数用 Enemy 类实例化，被 3 除余 2 的整数用 Friend 类实例化。将得到的实例化对象存放在 Person 数组中，然后通过循环来遍历 Person 数组中的元素，执行它的 welcome 方法。该实验的程序执行结果如图 7-17 所示。

```
<terminated> WineAndGunTest [Java Application] C:\Program Files\Java\jdk-14.0.1\bin\javaw.exe  (2023年8月16日 下午1:52:19 – 下午1:52:48) [pid: 15288]
请输入若干个整数，这些整数能被3整除的将实例化为Person对象，被3除余1的将实例化为Enemy对象，被3除余2的将实例化为Friend对象
1 2 4 7 3 5 8 3  12  5467  8
若是那豺狼来了迎接它的有猎枪……
朋友来了有好酒……
若是那豺狼来了迎接它的有猎枪……
若是那豺狼来了迎接它的有猎枪……
有人来了……
朋友来了有好酒……
朋友来了有好酒……
有人来了……
有人来了……
若是那豺狼来了迎接它的有猎枪……
朋友来了有好酒……
```

图 7-17  歌词中的多态的程序运行结果

【参考程序 7.6】

```
//Person.java
public class Person {
    public String welcome() {
        String sRtn = " 有人来了……";
        return sRtn;
    }
}
//Friend.java
public class Friend extends Person{
    public String welcome() {
        return " 朋友来了有好酒……";
    }
}
//Enemy.java
public class Enemy extends Person{
    public String welcome() {
```

```
            return " 若是那豺狼来了迎接它的有猎枪……";
        }
    }
//WineAndGunTest.java
public class WineAndGunTest {
    public static void main(String[] args) {
        out.println(" 请输入若干个整数，这些整数能被 3 整除的将实例化为 Person 对象，"
            + " 被 3 除余 1 的将实例化为 Enemy 对象，被 3 除余 2 的将实例化为 Friend 对象 ");
        Scanner input = new Scanner(System.in);
        String line = input.nextLine();
        String[] strs = line.split(" ");
        for(String s : strs) {
            int i = Integer.valueOf(s) % 3;
            if(i == 0) {
                meet(new Person());
            } else if(i == 1) {
                meet(new Enemy());
            } else {
                meet(new Friend());
            }
        }
    }

    // 完成 meet 方法的定义
    private static PrintStream out;
    static {
        try {
            out = new PrintStream(System.out,true,"utf-8");
        } catch (UnsupportedEncodingException e) {
            e.printStackTrace();
        }
    }
}
```

## 设计性实验——驾驶交通工具类

设计一个驾驶交通工具类。这个类包含向左转、向右转、加速、减速、刹车、倒车等动作。在这个交通工具类的基础上，再派生出汽车、挖掘机、自行车等交通工具。设计并测试这些类的驾驶行为，要求从控制台输入要驾驶的交通工具类型，并选择这些交通工具的驾驶行为。驾驶交通工具类测试程序运行结果如图 7-18 所示。

```
Console ×    PlantUML
<terminated> DriverTest [Java Application] C:\Program Files\Java\jdk-14.0.1\bin\javaw.exe
任意次序输入'V'、'C'、'E'（不限大小写），各字母间用空格隔开。
'V'代表Vehicle，'C'代表Car、'E'代表Excavator。
v C E V
任意次序输入'F'、'B'、'S'、'L'、'R'、'D'（不限大小写），各字母间用空格隔开。
'F'代表加速，'B'代表减速、'S'代表刹车、'L'代表左转、'R'代表右转、'D'代表倒车。
F B s L R d
加速……
刹车……
减速……
左转……
右转……
倒车……
油门向下踩，踩得越深加速越快……
踩刹车，踩得越深刹车效果越好……
松油门，松的越快降速越快……
方向盘先逆时针方向旋转，旋转越大转弯越快……
方向盘先顺时针方向旋转，旋转越大转弯越快……
车辆停驶后……油门向下踩，踩得越深加速越快……
同时前推左右履带加速杆……
后拉左右履带加速杆……直至车辆停止
松开左右履带加速杆……
前推右履带加速杆……
前推左履带加速杆……
车辆停驶后……后拉左右履带加速杆……
加速……
刹车……
减速……
左转……
右转……
倒车……
```

图 7-18　驾驶交通工具类测试程序运行结果

## 设计性实验——键盘类

设计一个键盘类 Keyboard 和一个键类 Key，要求如下。

（1）Keyboard 包含 keys 数组，提供 click 操作。

（2）在一个键区内实现一个数字键盘和一个控制键盘，通过 NumLock 键进行切换。

（3）数字键盘包含数字键（0~9）、点（.）、加（+）、减（-）、乘（*）、除（/）和回车键。

（4）按下一次 NumLock 键后，数字键可以正常使用，按数字键可以输出对应的数值；再次按下 NumLock 键，此时 0 表示"Insert"、1 表示"End"、2 表示"Down"、3 表示"PageDown"、4 表示"Left"、6 表示"Right"、7 表示"Home"、8 表示"Up"、9 表示"PageUp"，单击"5""+""-""*""/"和 Enter 几个键时没有任何反应。

数字键盘程序运行结果如图 7-19 所示。

> **⚠ 提示**
>
> Keyboard 和 Key 之间是组合关系，NumKeyboard 和 ControlKeyboard 都继承自 Keyboard 类。实现一个 NumericKeypad 类，初始状态下，属性 numlock 为 false，也就是数字键无效。

101

```
Console ×
<terminated> KeyboardTest [Java Application] C:\Program Files\Java\jdk-14.0.1\bin\javaw.exe
输入你要点击键盘哪些按键，可以输入0,1,2,3,4,5,6,7,8,9,.,+,-,*,/,enter,numlock。
每个输入之间用空格隔开，例如：0 . + - enter 9 9 7 numlock
2 4 a 6 T . - / + numlock 0 9 4 3
two      four    six    dot    sub    divide   add       numlock zero    nine    four    three
2        4       6      .      -      /        +
Down     Left    Right
```

图 7-19  数字键盘程序运行结果

## 设计性实验——交通灯类 TrafficLight

交通灯类 TrafficLight 内部有个计时器。跳灯方式的交通灯 BounceLight 类继承 TrafficLight 类，模拟黄灯时的闪烁现象。倒计时交通灯 CountDownLight 类继承 TrafficLight 类，可以模拟黄灯时倒计时计数。交通灯 TrafficLight 类提供红、黄、绿灯持续时间调整功能，提供 public void running(int count) 方法模拟交通灯运行，它的成员变量 count 表示模拟切换多少次。交通信号灯程序运行结果如图 7-20 所示。

> ⚠ 提示
>
> 使用 System.currentTimeMillis() 方法可以获取系统当前时间的毫秒值，求间隔时间时，可以采用循环获取系统当前时间，判断开始时间和现在时间的差值是否大于间隔阈值。

```
Console ×
<terminated> TrafficLightTest [Java Application] C:\Program Files\Java\jdk-14.0.1\bin\javaw.exe
YELLOW(3s)
RED(5s)
YELLOW(3s)
----------------
RED(2s)
YELLOW(1s)        twinkle
GREEN(3s)
YELLOW(1s)        twinkle
RED(2s)
----------------
YELLOW(5s)        5       4       3       2       1
RED(6s)
YELLOW(5s)        5       4       3       2       1
GREEN(7s)
YELLOW(5s)        5       4       3       2       1
RED(6s)
YELLOW(5s)        5       4       3       2       1
```

图 7-20  交通信号灯程序运行结果

## 📖 拓展训练

（1）试分析多态产生的原因。多态产生的两个必要条件：编译和运行的分离；一般的引用指向特殊的对象。那么，满足类似条件还能产生其他的多态形式吗？

（2）多态在编码过程中增加了代码编写的灵活性，但是也带来了潜在的不确定性；在某些场合并不希望多态的产生，可以选择哪些手段来代替多态？

# 第8单元

## 抽象类和接口

### 单元导读

　　抽象类和接口的引入是编程语言具备大规模开发的必要手段。它们能实现不同维度的设计和实现的分离。抽象类是在设计类时，从纵向上对不同层级进行抽象。而接口是在类之间制定的一种规范，更像是一种横向上的拓展。在搭建大规模的 Java 程序的过程中，依托抽象类和接口搭建系统框架十分重要，"先立乎其大者，则其小者弗能夺也"。

## 知识要点

　　抽象类是类抽象的最高形式，在抽象类中可以仅包含抽象方法，并不需要给出这些抽象方法的实现。当然在 Java 中也允许存在不包含任何抽象方法的抽象类。抽象类提取了所有子类都必须遵循的共同行为，抽象类不能直接被实例化，必须由非抽象子类继承并实现其所有抽象方法后才能被实例化。抽象类的继承应该遵循单继承原则。

　　与类的继承不同，接口允许实现多继承。接口体现了一种规范和实现分离的设计理念，充分利用接口可以大大降低程序模块之间的耦合，进而提高系统的可扩展性和可维护性。接口是在服务使用实体和服务提供实体之间定义的一组规范。在接口中，Java 允许定义常量、抽象方法、内部类、枚举、私有方法、默认方法或类等，但是接口的核心是抽象方法，其他语言成分都是直接或间接服务于这些抽象方法的。同时接口作为公共服务的规范，其成员默认的访问修饰符为 public abstract，此时为了简化书写，public 和 abstract 修饰符往往被省略。

### 1. 抽象类的定义和使用

　　定义抽象类的示例代码如下。类必须由 abstract 修饰，除了抽象类允许添加抽象方法外，其他成员和普通类的定义一致。

```
public abstract class Shape {
    private String color; // 成员属性
    private static boolean filled; // 静态成员属性
    public Shape() {} // 构造方法
    public String getColor() { // 成员方法
        return color;
    }
    public abstract double perimeter(); // 抽象方法，抽象类中可以不包含抽象方法
    public abstract double area();
    //...
}
```

抽象类不能直接实例化对象，即下面的示例代码是错误的。

```
public class AbstractClassInstantiationTest {
    public void test(){
        Shape shape = new Shape();// 语法错误，抽象类无法直接实例化
    }
}
```

抽象类可以被继承，继承后的子类可以是普通类也可以是抽象类。例如，在下面这两段代码中，子类 Triangle 和 Parallelogram 分别展示了子类为普通类和抽象类这两种形式。

```
public class Triangle extends Shape {
    private double sideA;
    private double sideB;
    private double sideC;
    // 省略 getter 和 setter 方法
    @Override
    public double perimeter(){
        // TODO Auto-generated method stub
        return sideA + sideB + sideC;
    }
    @Override
    public double area(){
        // TODO Auto-generated method stub
        double p =(sideA + sideB + sideC) / 2;
        return Math.sqrt(p * (p - sideA)* (p - sideB)*(p - sideC));
    }
}
public abstract class Parallelogram extends Shape {
    private double sideA;
    private double sideB;
    // 省略 getter 和 setter 方法
    @Override
    public double perimeter(){
        return 2 *(sideA + sideB);
    }
}
```

2. 接口的定义和使用

接口使用 interface 关键字修饰。类可以使用关键字 implements 实现接口，一个类可以实现多个接口。如果实现接口时仍然无法确定接口中的方法的具体实现，那么这个类可以声明为抽象类。下面的示例代码中，接口 Edible 是一个可食用接口，该接口中定义了可食用物品可以为食用者提供多少单位的热量的 energy 方法。Chewing 类实现接口 Edible，抽象类 Food 实现接口 Edible，其中并没有对接口 Edible 中的方法 energy 进行实现。

```
public interface Edible {
    int energy();// 返回单位热量数
}
public class Chewing implements Edible {
    @Override
```

104

```
public int energy() {
    // TODO Auto-generated method stub
    System.out.println(" 口香糖不提供任何热量。");
    return 0;
}

}

public abstract class Food implements Edible {
    private String name;
    private String ediblePart;
    public String getName(){
        return name;
    }
    public void setName(String name){
        this.name = name;
    }
    public String getEdiblePart(){
        return ediblePart;
    }
    public void setEdiblePart(String ediblePart){
        this.ediblePart = ediblePart;
    }
}
```

如图 8-1 所示，在接口实现的示例代码中，Pig 类同时实现了 Edible 接口和 Behavior 接口。具体代码实现见 Behavior 和 Edible 两个接口。

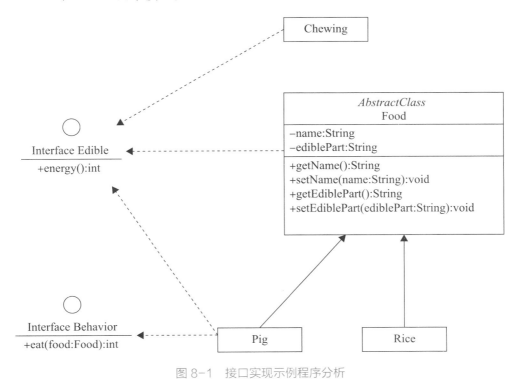

图 8-1　接口实现示例程序分析

```
public class Pig implements Behavior,Edible {
    private int power;

    public int getPower() {
        return power;
    }

    public void setPower(int power) {
        this.power = power;
    }

    @Override
    public void eat(Object something) {
        // TODO Auto-generated method stub
        if(something instanceof Rice) {
            System.out.println(" 锄禾日当午，汗滴禾下土。谁知盘中餐，粒粒皆辛苦 ");
            power += ((Rice)something).energy();
            System.out.println(" 吃光光 ");
        }else if(something instanceof Chewing){
            System.out.println(" 这不是我的食物。");
        }
    }

    @Override
    public int energy() {
        // TODO Auto-generated method stub
        System.out.println(" 我是食物链中的一环，是非常重要的动物蛋白的来源。");
        return 144;
    }

}
```

3. 接口的继承

接口定义后，可以被其他接口使用关键字 extends 继承。接口的继承支持多继承，也就是说，子接口可以继承多个父接口。在如图 8-2 所示的接口多继承 UML 类图中，可移动发电设备接口 MobilePowerGenerationEquipment 分别继承了动力源接口 PowerSource 和可移动接口 Portable，移动计算设备接口 PortableComputingDevice 分别继承了可移动接口 Portable 和可计算接口 Calculability。具体实现代码如下。

```
public interface PortableComputingDevice extends Portable,Calculability {
    void display();
}
```

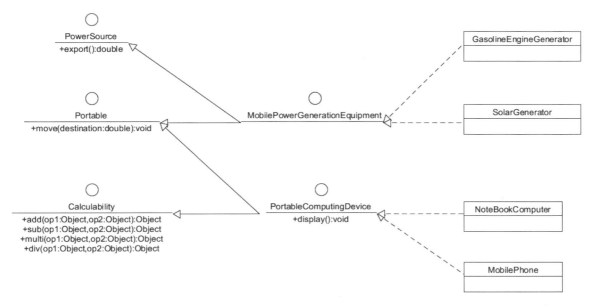

图 8-2　接口多继承 UML 类图

## 实验 1　抽象类的定义和使用

知识目标

理解抽象类的概念，掌握抽象方法；理解抽象类在设计与实现分离中的作用，掌握普通类继承抽象类、抽象类继承抽象类的用法。

能力目标

能够使用抽象方法和抽象类进行类的设计，能够使用抽象类实现设计和实现的分离。

素质目标

养成尊重文化多样性、关心社会公共问题的意识。

抽象类的定义和使用

### 验证性实验——银行信用贷款还款

银行信用贷款还款方式有多种，一种是按月还本付息，一种是先息后本。不同的还款形式的贷款利息不同。现在需要设计一个银行贷款的计息的抽象类 Loans，它包含了抽象方法 calcFee。再设计一个按月还本付息类 PrincipalInterest 和一个先息后本类 InterestFirst，分别继承 Loans 类。提示：按月还本付息，还本是等额本金按月还款；先息后本是指最后一个月末归还本金。

代码框架如下，请根据注释提示添加代码实现相应的功能。图 8-3 是程序正确执行的截图。

【参考程序 8.1】

```
import java.util.Calendar;
import java.util.Date;
public abstract class Loans {
    private Calendar startDate; // 贷款的起息日
    private int periods;        // 贷款的总期数，以月为单位
    private double rateOfInterest;// 贷款的利率
    private int paymentMethod; // 如果为 1 表示按月等额还本付息，如果为 2 表示先息后本
    private double amount;     // 贷款金额
```

```java
    // 此处省略 getter、setter 方法
    public Loans() {
        super();
        // 此处需要加入实现代码
    }
    public Loans(Calendar startDate,double amount,int periods,
            double rateOfInterest, int paymentMethod) {
        super();
        setStartDate(startDate);
        setAmount(amount);
        setRateOfInterest(rateOfInterest);
        setPaymentMethod(paymentMethod);
        setPeriods(periods);
    }
    public abstract double calcFee();// 计算当前日期所在月的待还款的月还款额
}


import java.util.Calendar;
/* 按月还本付息还款方式
 * 1. 每个月按照等额本金归还
 * 2. 利息按当月的本金计算
 * 3. 利息需要将年利率转换为日利率
 * 4. 具体的月份的天数根据系统当前的时间所在的还款月份确定
 * 5. 可以根据程序设计需要，增加必要的 private 方法
 */
public class PrincipalInterest extends Loans{
    @Override
    public double calcFee() {
        // 此处需要加入实现代码
        return 0;// 此处返回值需要修正
    }
}
import java.util.Calendar;
/* 先息后本还款方式
 * 1. 每个月按照本金计算利息
 * 2. 最后一个还款月的月末归还本金
 * 3. 利息需要将年化利率转换为日利率
 * 4. 具体的月份的天数根据系统当前的时间所在的还款月份确定
 * 5. 可以根据程序设计需要增加必要的 private 方法
 */
public class InterestFirst extends Loans{
// 此处需要加入构造方法
    @Override
    public double calcFee() {
        // 此处需要加入实现代码
        return 0;// 此处返回值需要修正
    }
}
import java.util.Calendar;
public class LoansTest{
    public static void main(String[] args) {
```

```
        println("testPrincipalInterest:" + testPrincipalInterest());
        // 添加测试方法调用
    }
    private static void println(String msg) {
        System.out.println(msg);
    }
    public static boolean testPrincipalInterest() {
        boolean bRet = false;
        Calendar startDate = Calendar.getInstance();
        startDate.set(Calendar.YEAR, 2021);
        startDate.set(Calendar.MONTH, 11);
        startDate.set(Calendar.DAY_OF_MONTH, 1);
        Loans loans = new PrincipalInterest(startDate,100000,18,0.032);
        double result = loans.calcFee();
        if(String.format("%.2f", result).equals("5827.0")) {
            bRet = true;
        }
        return bRet;
    }
    public static boolean testInterestFirst() {
        // 完成 InterestFirst 类的 calcFee 的测试
    }
}
```

```
Console ✖
<terminated> LoansTest [Java Application] C:\Program Files\Java\jdk-14.0.1\bin\javaw.exe
testPrincipalInterest:true
testInterestFirst:true
```

图 8-3　银行信用贷款还款程序运行结果

## 验证性实验——几何图形抽象类

设计一个二维坐标平面上其形状的抽象类 Geometric，满足如下要求。

（1）该抽象类包含关键点坐标组，关键点坐标按顺时针方向依次存储。

（2）该抽象类包含判断图形是否是轴对称图形的方法 boolean isXAxialSymmetry() 和 boolean isYAxialSymmetry()。

（3）该类提供计算图形面积 double area() 和计算图形周长 double perimeter() 两个抽象方法。

（4）可以修改线条的粗细和颜色以及填充的颜色。

（5）三角形 Triangle 和矩形 Rectangle 要继承这个抽象类。

代码框架如下，请根据注释提示添加代码实现相应的功能，并进行测试。程序正确运行的截图如图 8-4 所示。

【参考程序 8.2】

```
public abstract class Geometric {
    private Point[] vertexs;// 要求顶点按照顺时针方向依次存入数组
    private int border;
    private String colorLine;
```

```java
        private String colorFill;
        public abstract boolean isXAxialSymmetry();
        public abstract boolean isYAxialSymmetry();
        public abstract boolean isOriginSymmetric();
// 省略构造方法和 getter、setter 方法
}
public class Point {
        private int x;
        private int y;
        // 省略构造方法和 getter、setter 方法
}
public class Triangle extends Geometric {
        private double line1;
        private double line2;
        private double line3;
        private Point[] vertexs = getVertexs();
        private boolean isTriangle() {
                if(line1 + line2 > line3 && line1 + line3 > line2 && line3 + line2 > line1) {
                        return true;
                }
                return false;
        }
        private void init() {
                // 此处需要加入实现代码
                line1 = Math.sqrt(Math.pow(vertexs[0].getX() - vertexs[1].getX(),2)
                        +Math.pow(vertexs[0].getX() - vertexs[1].getX(),2));
                line2 = Math.sqrt(Math.pow(vertexs[0].getX() - vertexs[2].getX(),2)
                        +Math.pow(vertexs[0].getX() - vertexs[2].getX(),2));
                line3 = Math.sqrt(Math.pow(vertexs[2].getX() - vertexs[1].getX(),2)
                        +Math.pow(vertexs[2].getX() - vertexs[1].getX(),2));
        }
        public Triangle(Point[] vertexs, int border, String colorLine, String colorFill) {
                super(vertexs, border, colorLine, colorFill);
                init();
        }
        public Triangle(Point[] vertexs) {
                super(vertexs);
                init();
        }
        @Override
        public boolean isXAxialSymmetry() {
                // 此处需要加入代码完成三角形类的 X 轴对称判断
                if(!isTriangle()) {
                        System.out.println(" 这不是一个三角形。");
                        return false;
                }

                int condition01 = -1;
                for(int i = 0; i < vertexs.length ; i++) {
                        if(vertexs[i].getX() == 0) {
                                condition01 = i;
```

```java
                break;
            }
        }
        if(condition01 != -1) {
            Point point1 = null ,point2 = null;
            if(condition01 == 0) {
                point1 = vertexs[1];
                point2 = vertexs[2];
            }else if(condition01 == 1) {
                point1 = vertexs[0];
                point2 = vertexs[2];
            }else {
                point1 = vertexs[0];
                point2 = vertexs[1];
            }
            if(point1.getX() == point2.getX() && point1.getY() == -point2.getY()) {
                return true;
            }
        }
        return false;
    }
    @Override
    public boolean isYAxialSymmetry() {
        // 此处需要加入代码完成三角形类的 Y 轴对称判断
        return false;
    }
    @Override
    public boolean isOriginSymmetric() {
        // 此处需要加入代码完成三角形类的原点对称判断
        public static boolean testTriangle() {
        boolean bRetTest01=false;
        boolean bRetTest02=false;
        boolean bRetTest03=false;
        Point[] points = {new Point(1,2),new Point(3,4),new Point(5,6)};
        Triangle noTriangle = new Triangle(points);
        if(!noTriangle.isXAxialSymmetry()) {
            bRetTest01 = true;
        }
        // 此处需要加入代码完成其他方法的测试
        return bRetTest01 && bRetTest02 && bRetTest03;
    }

    public static boolean testRectangle() {
        // 此处需要加入代码完成该类的所有方法的测试
    }
}
```

```
 Console ⌗
<terminated> Shape2DTest [Java Application] C:\Program Files\Java\jdk-14.0.1\bin\javaw.exe
testTriangle:true
testRectangle:true
```

图 8-4　几何图形抽象类程序运行结果

## 设计性实验——实现中华民族伟大复兴

实现中华民族伟大复兴是近代以来中华民族最伟大的梦想。党的二十大立足新时代新征程的历史方位，深刻分析我国发展面临的形势和挑战，全面部署了 5 年乃至更长时期内党和国家事业发展的目标任务和大政方针，号召全党全军全国各族人民为全面推进中华民族伟大复兴而团结奋斗。为了学习党的二十大精神，号召同学们为实现中华民族伟大复兴贡献一份力量，现在需要设计一个 Rejuvenation 类，该类要满足以下要求。

（1）该类要包含伟大复兴的实施主体 protagonist、复兴的内容 context 和目标 target。

（2）该类提供一个努力的行为 endeavor。

（3）该类能够输出科技复兴、教育复兴、文化复兴等主题的内容。

该实验的测试程序运行结果和输出文件内容如图 8-5 和图 8-6 所示。

```
Console ☒
<terminated> RejuvenationTest [Java Application] C:\Program Files\Java\jdk-14.0.1\bin\javaw.exe
test1:true
test2:false
```

图 8-5　测试程序运行结果

```
***************************************科技***************************************
主旨：把科技的命脉牢牢掌握在自己手中，在科技自立自强上取得更大进展，不断提升我国发展独立性、自主性、安全性，催生更多新技术新产业，开辟经济发
展的新领域新赛道，形成国际竞争新优势。
目标：关键技术要不来，破解“卡脖子”技术，实现由跟跑到领跑的转变，必须坚持自立自强的精神要求，着力攻坚重大课题、进入无人区和深水区，切实不断
提升我国科技发展的独立性、自主性、安全性，在国际科技领域形成新的竞争优势。
内容：把“薪火相系”贯穿始终。百年大计，树人为本。科技创新发展不是一时的，而是持续和源源不断的，为中华民族伟大复兴提供长久动力。此外，科学技
术的重大突破、科技事业的伟大推进，并非一代人的努力，往往需要一代接着一代干、赓续伟大科学家精神，方能接好科技创新发展接力棒。因此，要坚持抓好
科技创新发展“后继有人”这个根本大计，不断培育一代又一代的科技新人，统筹抓好科技创新和人才培养，确保科技创新永续发展。把“深化改革”贯穿始终
。天工人巧日争新，满眼生机转化均。良好的生态环境和健全的机制制度，是推进科技创新发展的前提条件。故此，要坚持推进制度深化改革，不断催化科技创
新活力。牢固树立“唯创新实绩论英雄”的风尚，切实以深化制度改革营造科技创新环境，如为用人单位放权赋能、给予科研学者更多支配权，确保激活科技创
新发展因子，打破制度藩篱，跑出科技创新“加速度”。
***************************************科技***************************************
---------------------------------教育---------------------------------
主旨：教育就是要培养中国特色社会主义事业的建设者和接班人，而不是旁观者和反对派。
目标：教育应立足于新时代的历史方位担负新使命,教育是实现“两个一百年”奋斗目标的基础。
内容：人才是实现民族振兴、赢得国际竞争主动的战略资源;必须把培养德智体美劳全面发展的社会主义建设者和接班人作为根本任务;教育事业呼应“建设现
代化经济体系”战略目标
---------------------------------教育---------------------------------
====================================文化====================================
文化传承：中国的传统文化博大，有戏曲、相声、杂耍，有书法、诗歌、词曲，有茶、酒等等，我们要做好传承。
文化融合：中国是多民族国家，做好文化的兼容并蓄十分重要。国际化的中国也需要融合不同国家的优秀文化。
文化创新：文化是发展的，在每个历史阶段都要孕育出符合当下的文化形式，创作引领的时代的文化形式和内容。
====================================文化====================================
```

图 8-6　输出文件内容

## 设计性实验——学校教育评价

不同阶段的学校教育的学业内容和对学生的学业评价有所不同，设计一个 School 抽象类，定义一个教育的抽象方法 educate 和一个评价的抽象方法 evaluate。幼儿园 Kindergarten 类继承 School 类，实现 educate 方法，用于计算随机产生的两个小于 10 的自然数的和。如果学生答对了，程序给出评价（由 evaluate 方法给出）“你真棒。”；如果不正确，给出评价“小朋友，加油哦。”小学 PrimarySchool 类继承 School 类，实现 educate 方法，用于计算随机产生的两个小于 100 的数是否能整除，如果学生答对了，给出评价（由 evaluate 方法给出）“祝贺你答对了。”；如果不正确，给出评价“检查一下看看错在哪里了。”中学 MiddleSchool 类继承 School 类，实现 educate 方法，用于计算随机产生的一元二次方程的根，如果学生答对了，给出评价（由 evaluate 方法给出）“你答对了”；如果不正确，给出评价“这都答错了，你要好好努力了。”大学 College 类继承 School 类，实现 educate 方法，用于计算概率不相容

问题，如果学生答对了，给出评价（由 evaluate 方法给出）"对。"；如果不正确，给出评价"错……"。学校教育评价程序的运行结果如图 8-7 所示。

```
Console ⊠
<terminated> SchoolTest [Java Application] C:\Program Files\Java\jdk-14.0.1\bin\javaw.exe
求两个小于10的自然数的和6 + 2 = 8
你真棒。
求第1个整数是否能被第2个整数整除,88 / 79能整除吗?(请输入Y或N)Y
检查一下看看错在哪里了。
求一元二次方程的根。6x^2 + 4x + 1 = 0
A.该一元二次方程有2个相同的实根
B.该一元二次方程有2个不同的实根
C.该一元二次方程有2个虚根
B
这都答错了,你要好好努力了。
设事件A与B互不相容,则有
A.P(AB)=P(A)P(B)B.P(AB)=0C.P(AB)=0D.P(A+B)=1   C
错……
```

图 8-7　学校教育评价程序运行结果

## 拓展训练

（1）抽象类中没有抽象方法，是否能够通过编译系统的检查？

（2）分析基本数据类型的包装类体系架构，为何继承抽象类 java.lang.Number 的数值包装类都可以进行比较，而 Boolean 类型不能进行比较。

## 实验 2　接口的定义和使用

### 知识目标

掌握接口的定义；理解接口中的抽象方法；掌握在一个类中实现一个或多个接口。了解接口继承和类继承的区别；理解接口的继承，掌握接口单继承和多继承的关系。

### 能力目标

能够定义接口、实现接口以及使用接口的多继承特性，能够使用接口实现分离。

### 素质目标

培养团结合作精神和勇于创新的意识。

接口的定义和使用

### 验证性实验——燃放鞭炮驱赶野兽

在古代，燃放鞭炮最初的作用是为了驱赶野兽。在近代战争中，由于武器有限，老一辈的革命者运用鞭炮对敌人进行迷惑和干扰。现代社会为了预防火灾和减少有害气体排放，禁止燃放烟花爆竹，取而代之的是使用喇叭或者气球来制造爆竹声。设计一个爆炸接口 Explode，它包含一个驱赶方法 shoo。定义枪炮类 Gun、鞭炮类 Firecracker、喇叭类 Trumpet 和气球类 Balloon，分别实现这个爆炸接口。根据部分程序、测试程序及输出结果完成上述接口和类的设计。

【参考程序 8.3】

```java
public class Firecracker implements Explode {
    private int bangCount;
    public Firecracker(int bangCount) {
        this.bangCount = bangCount;
    }
```

```
        @Override
        public void shoo() {
            System.out.println(" 节日来了放鞭炮。");
            sound();
        }
        private void sound() {
            for(int i  = 0;i < bangCount ; i++) {
                if(i % 2 == 1) System.out.print("bing...");
                else System.out.print("bang...");
            }
            System.out.println();
        }
    }

public class FirecrackerTest {
    public static void main(String[] args) {
        Explode[] explodes = new Explode[10];
        explodes[0] = new Gun(5);      // 参数是一个整型数，5 表示连击次数
        explodes[1] = new Firecracker(2);// 参数是一个整型数，2 表示连续爆炸次数
        explodes[2] = new Trumpet();
        explodes[3] = new Balloon();
        explodes[4] = new Gun(3);
        explodes[5] = new Firecracker(1);
        explodes[6] = new Trumpet();
        explodes[7] = new Firecracker(5);
        explodes[8] = new Balloon();
        explodes[9] = new Balloon();
        for(Explode e : explodes) {
            e.shoo();
        }
    }
}
```

燃放鞭炮驱赶野兽类的输出结果如图 8-8 所示。

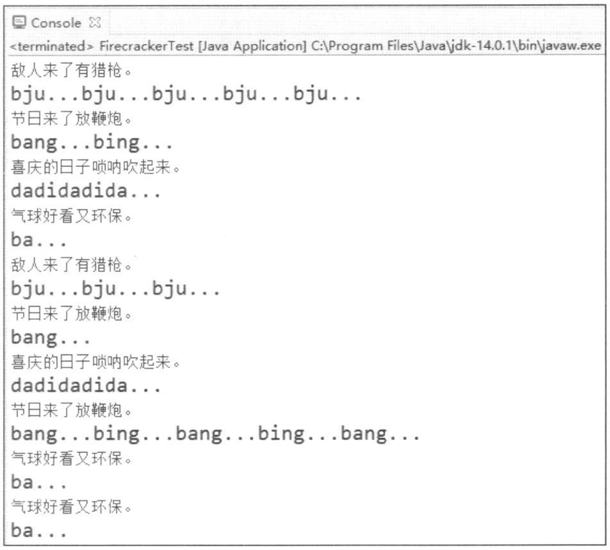

图 8-8　燃放鞭炮驱赶野兽类的输出结果

## 验证性实验——交通工具接口实现

定义一个交通工具接口 Transport，并在接口中定义 travel() 和 stop() 两个抽象方法，Car、Ship、Plane 三个类分别为该接口的实现类，TransportTest 为测试类，在测试类中通过用户输入的 0~2 的数字，确定是小汽车、轮船或飞机的哪一种作为交通工具，然后输出对应交通工具的驾驶行为。交通工具程序输出结果如图 8-9 所示。

【参考程序 8.4】

```
public class TransportTest {
    public static void main(String[] args) {
        // TODO Auto-generated method stub
        TransportTest test01 = new TransportTest();
        Transport transport = test01.choice();
        if(transport != null) {
            transport.travel();
            transport.stop();
        }
    }

    public Transport choice() {
        //TODO 补全代码
        return transport;
    }
}
```

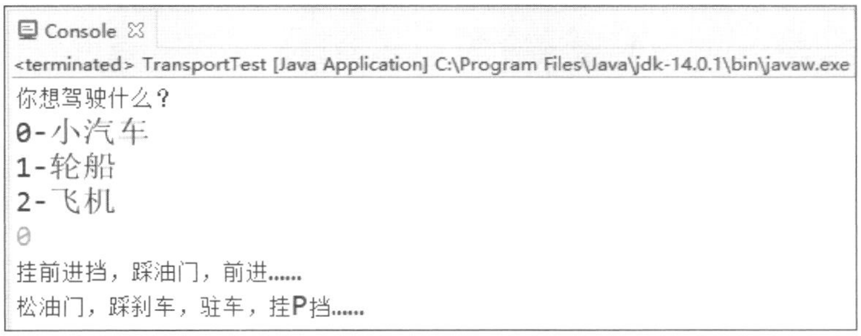

```
📋 Console ⊠
<terminated> TransportTest [Java Application] C:\Program Files\Java\jdk-14.0.1\bin\javaw.exe
你想驾驶什么？
0-小汽车
1-轮船
2-飞机
0
挂前进挡，踩油门，前进……
松油门，踩刹车，驻车，挂P挡……
```

图 8-9　交通工具程序输出结果

## 验证性实验——动物接口的多继承设计

设计两个简单的接口 Action 和 Sense，并设计动物抽象类 Animal 实现上述接口；设计狗类 Dog 继承 Animal 类，对其中的抽象方法进行实现；设计汽车类实现上述两个接口；利用测试程序对上述设计进行验证。该实验的测试代码输出结果如图 8-10 所示。

【参考程序 8.5】

```
public interface Action {
    void eat(Object something);
    void sound();
```

```
        Object excrete();
}
public interface Sense {
        void look(Object something);
        void listen(Object something);
        void touch(Object something);
}

public abstract class Animal{//Animal 实现 Action 和 Sense 两个接口的代码
}

public class Dog extends Animal {
        @Override
        public void eat(Object something) {
                // TODO Auto-generated method stub
                if(something instanceof Rice)
                        System.out.println(" 干饭人，干饭魂……");
                else if(something instanceof Meat) {
                        System.out.println(" 哦，今天伙食不错啊……");
                }else {
                        System.out.println(" 苦不苦，想想长征两万五；累不累，想想革命老前辈……");
                }
        }

        @Override
        public void sound() {
                // TODO Auto-generated method stub
                System.out.println(" 汪汪……汪 ");
        }

        @Override
        public Object excrete() {
                // TODO Auto-generated method stub
                System.out.println(" 有机肥，生态链中的一环 ");
                return null;
        }

        @Override
        public void look(Object something) {
                // TODO Auto-generated method stub
                if(something instanceof Meat) {
                        System.out.println(" 哈喇子都要流下来了……");
                }
                System.out.println(" 我发现 " + something);
        }

        @Override
        public void listen(Object something) {
                // TODO Auto-generated method stub
                System.out.println(" 我听到 " + something);
        }
```

```
        @Override
        public void touch(Object something) {
            // TODO Auto-generated method stub
            System.out.println(something + " 在触碰我。");
        }

        private String name;
        public Dog(String name) {
            this.name = name;
        }
        public String toString() {
            return name;
        }
    }
}
public class Car implements Action,Sense{
// 在此处添加代码完成 Car 的未实现的方法，可以为这些方法设计一些业务，并从方法中输出信息
}
public class AnimalTest{
    public static void main(String[] args) {
        // TODO Auto-generated method stub
        testCar();
        testDog();
    }

    public static boolean testCar() {
        boolean bRtn = false;
        Car car = new Car();
        car.eat(new Meat());
        car.excrete();
        car.listen(new Dog("snoopy"));
        car.look(new Dog("snoopy"));
        car.sound();
        car.touch(new Dog("snoopy"));
        return bRtn;
    }
    public static boolean testDog() {
        boolean bRtn = false;
        Dog dog = new Dog("snoopy");
        dog.eat(new Meat());
        dog.excrete();
        dog.listen(new Dog("snoopy"));
        dog.look(new Dog("snoopy"));
        dog.sound();
        dog.touch(new Dog("snoopy"));
        return bRtn;
    }
}
```

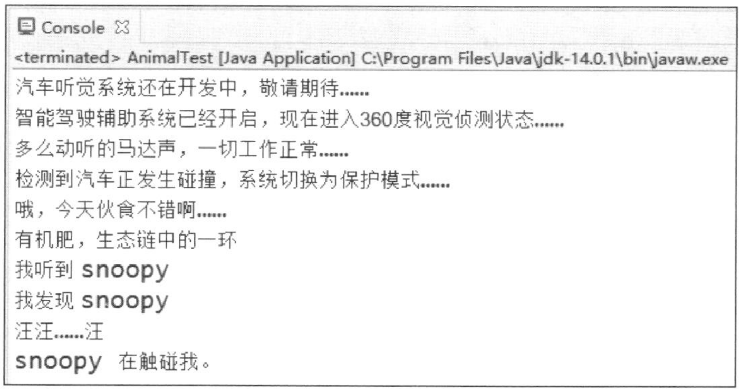

图 8-10　动物接口的测试代码输出结果

## 设计性实验——多种职业为人民服务

针对教师、医生、战士实现 ServerThePeople 接口，用 service 方法描述每种职业如何实践为人民服务这一宗旨。在教师的 service 方法中输出"师者传道受业解惑也。"；在医生的 service 方法中输出"悬壶济世，丹心妙手。"；在战士的 service 方法中输出"黄沙百战穿金甲，不破楼兰终不还。"。在测试方法中，通过 main 参数获得教师、医生和战士的数量，如命令行参数为 1、2、3 表示产生教师一名、医生两名、战士三名，ServerThePeople 接口的不同实现类的输出结果如图 8-11 所示。

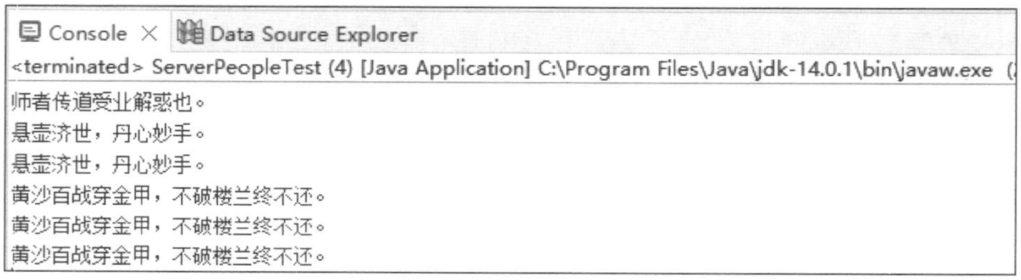

图 8-11　ServerThePeople 接口的不同实现类的输出结果

## 设计性实验——多部门在不同的场景下开展销售工作

某企业的销售部门、广告部门和资产管理部门在不同的场景下会开展不同形式的产品销售工作。请设计一个 SellOperation 接口，该接口的销售行为 sell 包含 3 个参数：count 表示销售产品的数量；price 表示销售产品的价格；discount 表示销售价格的折扣。ProducterSellApp 产品的销售类有三个方法处理不同类型的销售，分别返回 SellOperation 接口的实现类对象，具体说明如下：promotion 方法用于处理由广告宣传费用补贴的销售和以处理库存为目的的销售（促销）；retail 方法用于处理日常销售（零售）；wholesale 方法用于处理大宗货物销售（批发）。请分别使用普通接口、匿名类和 lambda 表达式实现这三种销售行为。各部门三个月内的销售情况如图 8-12 所示。

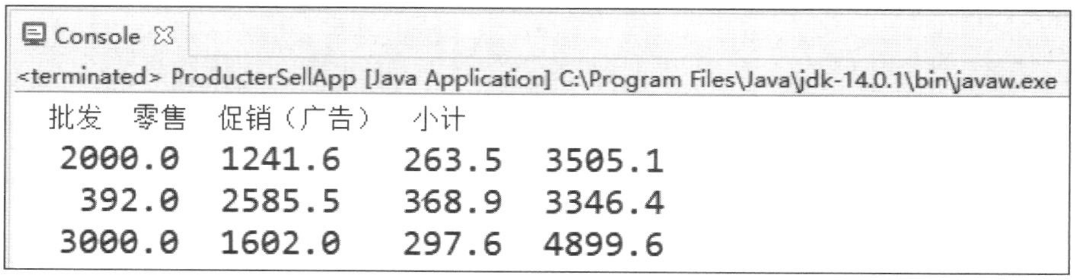

图 8-12　各部门三个月内的销售情况

### 设计性实验——美食盛宴

定义一个服务员 Waiter 类负责上菜，定义一个做菜接口 Cookie 负责做菜。服务员接受点菜后，将顾客需要的饭菜端上饭桌。服务员并不负责做菜，仅仅是记录菜名并将这些菜名告诉厨师，而厨师是完成这一桌菜品的实际工作人员。

（1）定义一个传单接口 SendMenu，通过 send 方法把菜单传递给后厨。

（2）定义一个做菜接口 Cookie，其中有三个抽象方法：fry 方法用于炒菜、stew 方法用于炖煮、steam 方法用于蒸菜。

（3）定义一个上菜接口 Serving，通过 server 方法上菜。

（4）Waiter 类实现传单接口 SendMenu 和上菜接口 Serving，中餐厨师 ChineseChef 实现 Cookie 接口，西餐厨师 WesternChef 也实现 Cookie 接口。机器人类 Robot 实现 SendMenu、Serving 和 Cookie 接口。

（5）如果顾客没有指明是中餐还是西餐，服务员会随机地指派厨师做饭。顾客如果吃到了中餐，他将说"这是妈妈的味道"，如果吃到了西餐，他会说"这是异域风情"，Robot 会输出"没有灵魂的美食"。

该实验的程序的运行结果如图 8-13 所示。

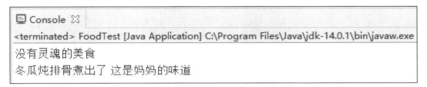

图 8-13　美食盛宴程序的运行结果

### 拓展训练

（1）JDK 提供了一些常用接口，使用它们将极大地方便程序员的编码活动，比如 java.lang.Comparable、java.lang.Iterable、java.util.Comparator 等。设计并实现一个 Person 类，该类包含身高、体重、年龄、成绩等信息，为该类实现 Comparable 接口、compare 方法，能够按照身高信息进行比较，通过一组 Person 对象的排序体会 Comparable 接口的作用。

（2）声明式接口是接口中的特殊形式。例如，实现 java.lang.Cloneable 接口后，允许重写 java.lang.Object 类的 clone 方法，实现克隆。为单元 6 中的二维平面坐标中的三角形类 Triangle 实现 Cloneable 接口，然后使用 Point p1,p2,p3 初始化 triangle1，triangle1 调用 clone 方法克隆出 triangle2，修改 p1 的值，观察对 triangle1 和 triangle2 的影响。

（3）接口中仅包含一个需要实现的方法时，可以使用 lambda 表达式。请使用 lambda 表达式重新实现"设计性实验——多种职业为人民服务"。

# 第9单元

## 异常处理

单元导读 〉

异常是指程序在运行时产生的错误。异常处理使得程序可以处理运行时的错误，并且继续执行。该如何处理异常，才能让程序可以继续执行或者合理地中止呢？本单元练习使用异常类，理解异常处理机制，掌握 try…catch 和 throws 两种异常处理方法，练习自定义异常类。

## 知识要点

Java 语言中的异常也是通过一个对象来表示的，程序运行时抛出的异常实际上就是一个异常对象。该对象中不仅封装了错误信息，还提供了一些处理方法，如 getMessage() 方法用于获取异常信息，printStackTrace() 方法用于输出异常的详细描述信息。

### 1. try…catch 语句

在 Java 语言中，对容易发生异常的代码，可通过 try…catch 语句捕获。try…catch 语句一般语法格式：

```
try{
    // 可能产生异常的代码 ;
}catch( 异常类 1 异常对象 ){
    // 异常 1 处理代码 ;
}catch( 异常类 2 异常对象 ){
    // 异常 2 处理代码 ;
}
```

代码中的每个 catch 语句块都用来捕获一种类型的异常。若 try 语句块中的代码发生异常，则会由上而下依次来查找能够捕获该异常的 catch 语句块，并执行该 catch 语句块中的代码。

⚠️注意

try 语句与 catch 语句必须搭配使用，一条 try 语句可以同时搭配多条 catch 语句。在使用多条 catch 语句捕获 try 语句块中的代码抛出的异常时，需要注意 catch 语句的顺序。若多条 catch 语句所要捕获的异常类之间具有继承关系，则用来捕获子类的 catch 语句要放在捕获父类的 catch 语句的前面，否则捕获子类异常的 catch 语句将无法捕获异常，编译时会报错。

## 2. finally 语句

finally 语句需要与 try…catch 语句一同使用，不管程序中有无异常发生，并且不管之前的 try…catch 是否顺利执行完毕，最终都会执行 finally 语句块中的代码，这使得一些不管在任何情况下都必须执行的步骤被执行，从而保证了程序的健壮性。

finally 语句的一般格式为：

```
try{
    …
}catch(…){
    …
}finally{…}
```

## 3. 声明异常 throws 和抛出异常 throw

throws 关键字用于在方法的头部声明一个异常。当一个方法产生一个它不能处理的异常时，就需要在该方法的头部声明这个异常，以便将该异常传递到方法的外部去进行处理。

throws 的使用格式如下：

```
权限修饰符 返回值类型 方法名（参数列表）throws Exception 1, Exception 2,… {
    …
}
```

**⚠ 注意**

如果要声明的异常是 Error 或者 RuntimeException 的子类，就不必显式地使用 throws 声明它们，因为这些异常是每个方法都可能会产生的。

throw 是用于手动抛出异常的关键字。它的用法是 " throw exceptionObj;"。exceptionObj 是一个继承自 Throwable 的异常类对象。

在 Java 中，抛出异常对象有两种方式：一种是系统自动抛出；另一种是使用 throw 语句抛出。一般来说，系统自定义的异常一旦发生，通常都是自动抛出的，比如除零异常 ArithmeticException、数组越界异常 ArrayIndexOutofBoundsException。而程序员自己定义的异常，就需要手动使用 throw 语句来抛出。

```
try{
    …
}if( 异常条件 )throw new ExceptionType (){
    …
}catch(){
    …
}
```

## 4. 自定义异常类

如果 Java 提供的异常类型不能满足程序设计的需要，程序员也可以定义自己的异常类型。

用户自定义的异常类应为 Exception 类的子类。

自定义异常类的一般格式：

```
public class 异常类名 extends Exception{
    // 构造方法接收异常信息；
    // 调用父类中的构造方法；
}
```

# 实验  异常处理的实现

### 知识目标

掌握异常处理的机制；掌握处理异常的 try、catch、finally、throw 和 throws；掌握自定义异常类的方法。

异常处理

### 能力目标

能够使用 Java 异常处理机制解决程序中的异常；能够分析使用 try…catch 代码段产生的额外的性能影响。

### 素质目标

树立科技报国理想，培养不甘落后、奋勇争先、追求进步的责任感与使命感。

## 验证性实验——处理输入异常

编写程序，要求从控制台获取输入的半径，计算并输出圆的面积，当输入数据不是数值类型时捕获 InputMismatchException 异常。

【参考程序 9.1】

```java
import java.util.InputMismatchException;
import java.util.Scanner;
public class IMExceptionTest {
    public static void main(String[] args){
        Scanner sc=new Scanner(System.in);
        System.out.print("Input a radius:");
        try {
            double radius=sc.nextDouble();
            double area=Math.PI*radius*radius;
            System.out.printf("area=%.2f%n",area);
        }catch(InputMismatchException e){
            System.out.println(e);
            System.out.println("Number Format Error.");
        }
    }
}
```

处理 InputMismatchException 异常的运行结果如图 9-1 所示。

```
Console
<terminated> IMExceptionTest [Java Application] D:\Eclipse\jdk14.0.1\bin\javaw.exe
Input a radius:abc
java.util.InputMismatchException
Number Format Error.
```

图 9-1  处理 InputMismatchException 异常的运行结果

⚠点拨

（1）sc.nextDouble()要求从键盘输入一个数值，输入非法字符串时该语句会抛出 InputMismatchException 异常，若不处理 InputMismatchException 异常，程序会出现严重错误。

（2）捕获异常的方法：可以使用 try…catch 语句将可能抛出异常的语句放入 try 子句中，处理异常的语句放到 catch 子句中，异常类型作为 catch 子句的参数类型。

## 验证性实验——自定义异常类

自定义一个异常类 MyException，用于计算两个正数之和，当任意一个数超出范围时，抛出自定义的异常。

【参考程序 9.2】

```
import java.util.Scanner;
public class MyExceptionTest {
    public static void main(String args[]){
        Scanner scan = new Scanner(System.in);
        System.out.print(" 请输入一个整数： ");
        int a = scan.nextInt();
        System.out.print(" 请输入另外一个整数： ");
        int b = scan.nextInt();
        try{
            System.out.print(" 计算结果为： "+sum(a,b));
        } catch(MyException e){ // 异常处理
            System.out.println(e);
        }
    }
    public static int sum(int a, int b) throws MyException{
        if(a<0||b<0) {
            throw new MyException(" 数字不在指定范围 ");
        }
        return (a+b);
    }
}
class MyException _____ { // 自定义异常类，继承 Exception 类
    public MyException(String msg){ // 构造方法接收异常信息
        super(msg); // 调用父类中的构造方法
    }
}
```

自定义异常类运行结果如图 9-2 所示。

```
Console ⊠
<terminated> MyExceptionTest [Java Application] D:\Eclipse\jdk14.0.1\bin\javaw.exe
请输入一个整数： 12
请输入另外一个整数： -2
unit09.MyException： 数字不在指定范围
```

图 9-2　自定义异常类运行结果

**⚠点拨**

（1）在程序中先定义一个异常类 MyException，该类需继承自 Exception 类，如此自定义类 MyException 才是异常类。

（2）在 sum() 方法头的声明中只有声明了异常类型 MyException，在方法体中才能抛出 MyException 异常。

（3）调用 sum() 时，需要捕获 MyException 类型的异常，此时 sum() 方法可以放到 try 子句中，同时捕获异常。

## 设计性实验——判断能否构成三角形

编写方法 void sanjiao(a, b, c)，该方法有 3 个参数，分别代表三角形的 3 条边。根据三角形 3 条边的性质判断这 3 条边能否构成三角形。若不能构成三角形，显示异常信息"不能构成三角形"并抛出 IllegalArgumentException 异常；如果可以构成则显示三角形的三个边长。判断 3 条边能否构成三角形的程序的运行结果如图 9-3 所示。

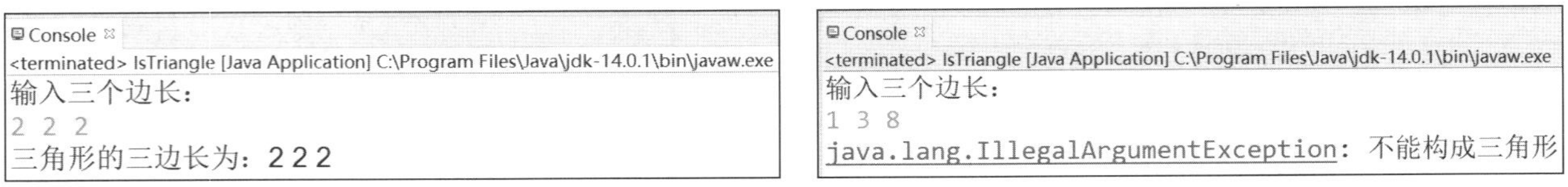

图 9-3 判断 3 条边能否构成三角形的程序的运行结果

（a）正常结果；（b）异常结果

**⚠点拨**

（1）在 sanjiao(a, b, c) 方法的定义中，应该满足 a+b>c 且 a+c>b 且 b+c>a 的条件，对不满足条件的参数需要抛出 IllegalArgumentException 异常。

（2）在调用 sanjiao(a, b, c) 方法时，需要捕获 IllegalArgumentException 异常。

## 设计性实验——字符串转换为数值

编写一个 binDec(String binString) 方法，将一个二进制字符串转换为一个十进制数，当字符串不是一个二进制字符串时，抛出 NumberFormatException 异常，显示"不是二进制数字"。将字符串转换为数值的程序的运行结果如图 9-4 所示。

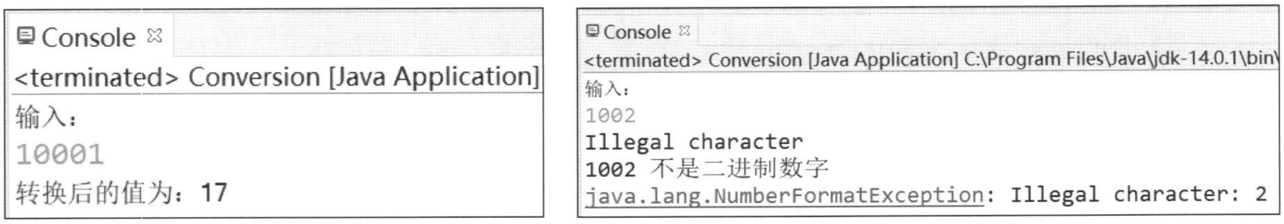

图 9-4 将字符串转换为数值的程序的运行结果

（a）正常结果；（b）异常结果

⚠ 点拨

（1）在 binDec(String binString) 方法的定义中要判断参数 binString 中的每一个字符，若其为字符 '0' 或 '1'，按二进制数转换为十进制数；若其不为字符 '0' 或 '1'，则抛出 NumberFormatException 类型异常。

（2）在调用 binDec(String binString) 方法时，应捕获 NumberFormatException 异常。

## 设计性实验——多 catch 语句应用

一条 try 语句可以同时搭配多条 catch 语句，但需要注意 catch 语句的顺序。设计一个 MultiException 实体类，该类至少包含一个 int[] cyclicDivision(int []arr,int len) 方法，抛出 ArithmeticException 和 ArrayIndexOutOfBoundsException，实现数组 arr[len] 中的元素循环相除。例如，arr 中有 5 个元素，分别为 64、32、4、2、1，循环相除的计算方法为 64/32、32/4、4/2、2/1、1/64，其结果分别为 2、8、2、2、0，同时输出第 5 个元素。如果数组有元素为 0，则抛出 ArithmeticException 类型异常；如果数组长度小于 5，则会抛出 ArrayIndexOutOfBoundsException 类型异常。在主类 MultiExceptionTest 中先输入数组长度，再输入数组中每个元素的值。如果数组长度小于 0，抛出 NegativeException 异常，在 finally 块中输出 "Over"。

多 catch 语句应用的无异常运行结果如图 9-5 所示，有异常的运行结果如图 9-6 所示。

图 9-5　多 catch 语句应用的无异常运行结果

（a）　　　　　　　　　　　　　　　　　　（b）

（c）

图 9-6　多 catch 语句应用的有异常运行结果

（a）NegativeException 异常；（b）ArrayIndexOutOfBoundsException 异常；（c）ArithmeticException 异常

（1）输入数组长度 len 后，需判断 len 是不是小于 0，小于 0 就抛出异常，如下列语句所示：

if(len < 0 ) {

    throw new Exception("NegativeException");

}

同时上述语句需要放在 try 语句块中，以捕获抛出的异常。

（2）连续捕获多种类型的异常需要连续使用多个 catch 块，finally 块紧跟其后。

（3）为了能够模拟出 ArithmeticException 异常效果，数组中的元素 0 作为分母时，其类型应为整型，而不能为浮点类型。

当使用多个 catch 块时，注意 catch 子句排列顺序为先特殊再一般，也就是子类必须在父类前面。如果子类在父类后面，子类将永远不会执行。

## 设计性实验——统计导弹中的 bug

钱学森是全世界著名的火箭专家，被誉为"中国导弹之父"，在钱学森等人的努力下，中国相继成功完成原子弹爆炸、氢弹空爆试验和人造卫星发射。然而，这些成绩的取得并非是一帆风顺的。1960年 11 月初，"东风一号"发射前夕，工作人员突然发现导弹舵机有漏油现象。钱学森带领技术人员在严寒中连续奋战，终于排除了这一故障。加完推进剂之后，却又发生了异常：导弹的弹体瘪进去一块。历尽艰辛排除了异常，却又发现了零点触发故障。排除万难后，1960 年 11 月 5 日 9 时 2 分，飞行 550 千米的"东风一号"导弹准确击中目标，中国第一枚国产导弹终于发射成功！

尝试编写程序，统计有多少颗导弹是没有 bug 的。输入 1 个数 $N$，表示有 $N$ 颗导弹。设计一个名为 BugException 的异常类。生成每颗导弹信息的时候，要捕获 BugException 异常类。BugException 类中的数据域 bug 是随机生成的数，其值是 0、1、2 当中的任意一个数。当 bug 数大于 0 时，toString() 方法会抛出 "Be careful, there are bugs: bug 的变量"，程序运行结果如图 9-7 所示。

```
Console ☒
<terminated> TestBugWithException [Java Application] C:\Program Files\Java\jdk-14.0.1\bin\javaw.exe
请输入导弹总数：10
Be careful, there are bugs:2
Be careful, there are bugs:1
Be careful, there are bugs:2
Be careful, there are bugs:2
Be careful, there are bugs:1
Be careful, there are bugs:2
10 颗导弹中 4 颗导弹没有bug。
```

图 9-7　统计导弹 bug 程序的运行结果

**△点拨**

（1）自定义类可以从 Exception 类继承过来。Exception 类继承自 java.lang.Throwable，Exception 类中的 toString() 方法继承自 Throwable，而 BugException 类中的 toString() 方法又覆盖了 Throwable 类中的 toString() 方法。

BugException 类的定义参考代码如下所示：

```
class BugException extends Exception{
    int a;
    BugException(int x) {
        a=x;
    }
    public String toString() {
        return("Be careful, there are bugs:"+Integer.toString(a));
    }
}
```

（2）设计一个 checkBug() 方法，声明并抛出 BugException 异常，捕获异常信息，程序示例代码如下所示：

```
public static void checkBug(int i) throws BugException{
    if(i>0)
        throw new BugException(i);
    else
        sumOfNoBug++;
}
```

如果 checkBug() 方法定义为 static 类型，则变量 sumOfNoBug 也必须是 static 类型的。

**△注意**

可以通过继承 RuntimeException 自定义异常类吗？答案是可以的。但是这样会让自定义异常类成为免检异常，最好是让自定义异常类是必检的，这样编译器就可以强制要求这些异常在程序中被捕获。

**拓展训练**

（1）NoClassDefFoundError 是 Error（错误）类型，而 ClassNotFoundException 是 Exception（异常）类型。请分析 NotClassDefFoundError 和 ClassNotFoundException 有什么区别。

（2）Integer.parseInt(null) 和 Double.parseDouble(null) 抛出的异常一样吗？为什么？

（3）在设计性实验——判断能否构成三角形的基础上自定义类 Triangle，其中有成员 x、y、z 作为三个边长，利用构造方法对三个边长进行赋值，实现三角形求面积方法 getArea 和显示三角形边长方法 showInfo。要求调用这两个方法时，当三条边不能构成三角形时要抛出自定义异常，否则显示正确信息。

# 第 10 单元

## 字符串应用

　　String 类是 Java 编程语言中使用最广泛的数据类型之一，其本质是一个字符数组，存储在堆中。String 类有两个重要的特点：一是不可变性，即 String 对象在被创建后就不再发生变化；二是字符串常量池，作为一个特殊的内存区域，存储在其中的字符串对象可以被多个引用共享。StringBuffer 类和 StringBuilder 类都是可变字符串类，性能更高。StringBuffer 是线程安全的字符串，StringBuilder 是 StringBuffer 的非线程同步的版本。本单元练习 String 类、StringBuffer 类和 StringBuilder 类的使用方法，通过本单元的学习读者可以理解字符串引用的含义以及字符串常量在内存中的存放位置等知识。

## 知识要点

### 1. String 类

在 Java 中字符串属于对象，Java 提供了 String 类来创建和操作字符串。

（1）使用字符串常量直接初始化一个 String 对象，其语法格式如下：

```
String 字符串名 = 字符串;
```

String 对象是不可变的。字符串一旦创建，其内容不能再改变。

（2）使用 String 的构造方法可以初始化 String 对象，其语法格式如下：

```
String str1 = new String(String original);
String str2 = new String(char 数组);
String str3 = new String(char 数组 , 起始下标 , 长度);
String str4 = new String(byte 数组);
String str5 = new String(byte 数组 , 起始下标 , 长度);
String str6 = new String(StringBuffer buffer);
String str7 = new String(StringBuilder builder);
```

（3）String 类的常用方法如表 10-1 所示。

表 10-1　String 类的常用方法

| 方法名 | 说明 |
| --- | --- |
| int length() | 返回字符串的长度 |
| char charAt(int index) | 返回字符串中 index 位置的字符 |

续表

| 方法名 | 说明 |
|---|---|
| int indexOf(String str) | 返回字符串中第一次出现 str 的位置索引 |
| int indexOf(String str,int fromIndex) | 返回字符串从 fromIndex 开始第一次出现 str 的位置索引 |
| String replace(char oldChar,char newChar) | 在字符串中用 newChar 字符替换 oldChar 字符 |
| String toUpperCase() | 将该字符串全部转换为大写形式 |
| String toLowerCase() | 将该字符串全部转换为小写形式 |
| String substring(int beginIndex) | 返回该字符串从 beginIndex 开始到结尾的子字符串 |
| String substring(int beginIndex,int endIndex) | 返回该字符串从 beginIndex 开始到 endIndex−1 结尾的子字符串 |
| static String valueOf(int i) | 返回 int 参数的字符串表示形式 |
| char[] toCharArray() | 将字符串转换为一个字符数组 |
| String trim() | 返回该字符串去掉开头和结尾空格后的字符串 |
| String[] split(String regex) | 将一个字符串按照指定的分隔符分隔，返回分隔后的字符串数组 |

### 2. StringBuffer 类和 StringBuilder 类

StringBuffer 类也称为字符串缓冲区，是内容和长度都可以改变的字符串类。StringBuffer 类似于一个字符串容器，添加或删除字符串时，均在容器中操作，不会产生新的对象。StringBuffer 类修改缓冲区的方法是同步的，这意味着同一时刻只有一个任务被允许执行该方法，除此之外，StringBuffer 类和 StringBuilder 类很相似。因此，多任务并发访问使用 StringBuffer，单任务访问使用 StringBuilder，因为 StringBuilder 不考虑同步情况，更高效。StringBuffer 类的常用方法如表 10-2 所示。

表 10-2　StringBuffer 类常用方法

| 方法名 | 说明 |
|---|---|
| StringBuffer append(char c) | 在 StringBuffer 对象末尾添加字符 c |
| StringBuffer append(String s) | 在 StringBuffer 对象末尾添加字符串 s |
| StringBuffer insert(int index, String s) | 在 StringBuffer 对象的 index 位置插入字符串 s |
| StringBuffer delete(int start,int end) | 删除 StringBuffer 对象中的从 start 到 end−1 位置的字符 |
| StringBuffer deleteCharAt(int index) | 删除 StringBuffer 对象中指定位置的字符 |
| StringBuffer replace(int start, int end, String s) | 将 StringBuffer 对象中的从 start 到 end−1 位置的字符替换为字符串 s |
| StringBuffer setCharAt(int index, char c) | 将 StringBuffer 对象中指定位置的字符替换为 c |
| String toString() | 返回 StringBuffer 的字符串对象 |
| StringBuffer reverse() | 倒置 StringBuffer 对象中的字符 |

# 实验　字符串的应用

### 知识目标

掌握 String 类处理不可变的字符串的方法；掌握 StringBuffer 类和 StringBuilder 类处理可变字符串的方法。

字符串的应用

能力目标

能够实现字符串的连接、修改、替换、比较和查找等任务；能够提取和分割字符串。

素质目标

通过王选与汉字激光照排系统的案例了解中文字符的处理方法，学习实干精神，弘扬民族责任感。

## 验证性实验——采用多种方式创建 String 对象

通过编译运行以下程序观察多种方式创建的 String 对象的输出结果是否和分析的一致。

【参考程序 10.1】

```java
import java.util.Scanner;
public class StringCreate {
    public static void main(String args[]){
        byte[] byte1={72,101,108,108,111,32,110,101,119,32,87,111,114,108,100};
        char[] char2={'H','e','l','l','o',' ','n','e','w',' ','w','o','r','l','d'};
        String string1=new String(byte1,0,15);
        String string2=new String(char2,0,15);
        String string3=new String("Hello new world");
        String string4 = string3.intern();
        String string5 = "Hello new world";
        String string6 = "Hello new world";
        System.out.println(" 字符串 1:"+string1);
        System.out.println(" 字符串 2:"+string2);
        System.out.println(" 字符串 3:"+string3);
        System.out.println(" 字符串 4:"+string4);
        System.out.println(" 字符串 5:"+string5);
        System.out.println(" 字符串 6:"+string6);
        System.out.print("string1==string2? ");
        System.out.println(string1==string2);
        System.out.print("string3==string4? ");
        System.out.println(string3==string4);
        System.out.print("string3==string5? ");
        System.out.println(string4==string5);
        System.out.print("string4==string6? ");
        System.out.println(string4==string6);
    }
}
```

程序运行结果如图 10-1 所示。

```
Console ※
<terminated> StringCreate [Java Application] C:\Program Files\Java\jdk-14.0.1\bin\javaw.exe
字符串1:Hello new World
字符串2:Hello new world
字符串3:Hello new world
字符串4:Hello new world
字符串5:Hello new world
字符串6:Hello new world
string1==string2? false
string3==string4? false
string4==string5? true
string4==string6? true
```

图 10-1 采用多种方式创建 String 对象的程序运行结果

**点拨**

（1）调用 System.out.println() 时，如果传入的参数为引用类型，它会自动调用 toString() 方法。println() 先调用 String.valueOf() 方法，而 String.valueOf() 方法再去调用 toString() 方法。

（2）String 对象的 intern() 方法会查找字符串常量池，然后判断 String 对象的字符串内容是否已经存在于常量池中，若存在，则直接指向该字符串常量；若不存在，则往字符串常量池中创建该字符串内容的对象（JDK 6 及之前）或创建新的引用并指向堆区已有对象地址（JDK 7 之后），存在则直接返回。

（3）在示例程序中，string1、string2、string3 分别指向在堆区创建的由 new 实例化的对象，string4 指向字符串常量池中的常量字符串"Hello new world"，所以 string1、string2、string3 和 string4 均不相同。string5、string6 均指向字符串常量池中的已存在的常量字符串"Hello new world"，所以 string4、string5 和 string6 均指向同一对象。

## 验证性实验——单词替换

要求将给定文字的特定单词替换成其他单词。仔细阅读下列程序，调试并运行。

【参考程序 10.2】

```java
import java.util.Scanner;
import javax.swing.*;
public class WordReplacement {
    static String[] word;
    static String orignalWords;
    static String soWord;
    static String deWord;
    static String words;
    public static String[] splitWords(String words) {
        String[] wordString = _____;// 调用 split() 方法
        return wordString;
    }
    public static String replaceWord(String[] word, String source, String dest) {
        String result = "";
        for (int i = 0; i < word.length; i++) {
            if (word[i].compareTo(source) == 0) {
                word[i] = dest;
            }
        }
        for (int i = 0; i < word.length; i++) {
            if(i!=word.length-1) {
                result = result + word[i]+" ";
            } else {
                result += word[i];
            }
        }
        return result;
    }
    public static void main(String[] args) {
```

```
            word = new String[100];
            Scanner input = new Scanner(System.in);
            System.out.print(" 请输入一行英文语句：");
            orignalWords = ________ ;  // 输入要修改的文字
            System.out.print(" 输入需要替换的英文单词：");
            soWord = input.nextLine();
            System.out.print(" 输入替换英文单词：");
            deWord = input.nextLine();
            word = splitWords(orignalWords);
            words = replaceWord(word, soWord, deWord);
            System.out.print(words);
        }
    }
```

程序运行结果如图 10-2 所示。

```
Console ☒
<terminated> WordReplacement [Java Application] C:\Program Files\Java\jdk-14.0.1\bin\javaw.exe
请输入一行英文语句：how are me
输入需要替换的英文单词：me
输入替换英文单词：you
how are you
```

图 10-2　单词替换程序的运行结果

**点拨**

compareTo() 方法会根据一个字符串是否等于、大于或小于另一个字符串，分别返回 0、正整数或负整数。

## 验证性实验——StringBuffer 字符串应用

练习使用 StringBuffer 的追加、替换、插入和删除方法，并观察 StringBuffer 对象的字符串长度和字符串容量。

【参考程序 10.3】

```
public class StringBufferDemo {
    public static void main(String[] args) {
        StringBuffer buf1 = ________ ;  // 创建 StringBuffer 对象
        buf1.append("JavaString");
        System.out.println(buf1);
        System.out.println(buf1.length());
        System.out.println(buf1.capacity());
        // 将 buf1 中的字符串 " String" 替换为 "Buffer!"
        buf1. ________ ;
        System.out.println(buf1);
        System.out.println(buf1.length());
        System.out.println(buf1.capacity());
        buf1.insert(4, " String");
        System.out.println(buf1);
```

```
        System.out.println(buf1.length());
        System.out.println(buf1.capacity());
        buf1.deleteCharAt(buf1.length()-1);
        System.out.println(buf1);
    }
}
```

程序运行结果如图 10-3 所示。

```
⬚ Console ⊠
<terminated> StringBufferDemo [Java Application] C:\Program Files\Java\jdk-14.0.1\bin\javaw.exe
JavaString
10
16
JavaBuffer!
11
16
Java StringBuffer!
18
34
Java StringBuffer
```

图 10-3　StringBuffer 字符串应用程序的运行结果

### ⚠点拨

（1）使用 StringBuffer() 创建一个可变字符串对象，分配给该对象的初始容量可以容纳 16 个字符，当字符串的长度大于 16 时，其容量会自动增加。

（2）StringBuffer 的 replace() 方法可以将此 StringBuffer 对象的子字符串中的字符替换为指定的 String 字符。此方法的方法头为 public StringBuffer replace(int start, int end, String str)。

### ⚠注意

被替换的内容为从 start 到 end-1 位置的子字符串，end 位置不包含。

## 设计性实验——单词元音和长度统计

编写一个 StringCount 类统计单词中的元音出现的次数和单词的长度，在控制台输入"I like Java programming"，程序运行结果如图 10-4 所示。

```
⬚ Console ⊠
<terminated> StringCount [Java Application] C:\Program Files\Java\jdk-14.0.1\bin\javaw.exe
请输入一行字符：I like Java programming
元音a出现的次数：3
元音i出现的次数：2
元音e出现的次数：1
元音u出现的次数：0
元音o出现的次数：1
单词I的长度为：1
单词like的长度为：4
单词Java的长度为：4
单词programming的长度为：11
```

图 10-4　单词元音和长度统计程序的运行结果

> **⚠点拨**
>
> （1）利用 Scanner 创建一个对象，并使用 nextLine() 方法获取输入的一行字符串。
>
> （2）统计元音出现次数时，可以遍历字符串，利用字符串的 charAt() 方法获取到单个字符，再和元音字母比较，与某个元音字母相同时，计数器累加即可。
>
> （3）统计单词长度时，可以利用字符串的 split() 方法先把字符串分割成单词，利用 length() 方法获得分割后的子字符串的长度。

## 设计性实验——单词出现次数统计

从键盘输入一句话，统计每个单词出现的次数，程序运行结果如图 10-5 所示。

图 10-5　单词出现次数统计程序的运行结果

> **⚠点拨**
>
> （1）先用字符串的 split() 方法把字符串分割成单词数组，再新建一个 ArrayList 数组，依次遍历分割得到的单词数组，调用 ArrayList 中的 contains 方法判断当前元素是否在 ArrayList 中，如果不存在，即加入 ArrayList 中，这样就可以把重复元素删去了。部分代码如下：
>
> ArrayList<String> list = new ArrayList();
>
> if(!list.contains(words[i]))
>
> 　　　list.add(words[i]);
>
> （2）可以使用 forEach 循环遍历两个数组中的元素，进行次数判断。

## 设计性实验——字符数量统计

中文字库的设计难度比英文字库大得多。20 世纪 70 年代的中国采用的仍是铅字排版印刷。王选以一种几近狂热的执着和超乎常人的魄力，带领团队日夜奋战，最终用"轮廓描述方法"和"参数描述方法"来描述字形，用计算机存储和复原汉字字形信息这一世界性难题被攻克。

在大批量处理字符串时，StringBuilder 比 String 更有优势。设计一个字符数量统计程序，利用 StringBuilder 统计连续字符数量并输出字符和数量，如果只有单个字符，则不需要输出数字，程序运行结果如图 10-6 所示。

图 10-6　字符数量统计程序的运行结果

**▲点拨**

（1）StringBuilder 的构造方法。

StringBuilder() 会构造一个空的 StringBuilder 容器。

StringBuilder(String) 会构造一个 StringBuilder 容器，并添加指定的字符串。

（2）StringBuilder 和 StringBuffer 类似，也是可变字符串，但有比 StringBuffer 更高的运行效率。

（3）String、StringBuffer、StringBuilder 性能比较。

String 是不可变的，StringBuffer 和 StringBuilder 是可变的；StringBuffer 是线程安全的，StringBuilder 是非线程安全的。

通常情况下，字符串的拼接速度为 StringBuilder>StringBuffer>String。其原因在于 String 是不可变的，因此每次改变 String 的变量值会生成一个新的对象，然后将变量引用指向新对象，因此速度较慢。StringBuffer 因为直接操作对象指向的引用，无需产生新对象，速度很快，它也支持多线程任务，维护多线程同步时也会消耗一点性能。StringBuilder 是 JDK 1.5 之后新增的，其用法与 StringBuffer 完全一致，但它是线程不安全的，在单线程任务中使用最佳，因为其不需要维护线程的安全，因此是最快的。

（4）StringBuilder 的成员方法 append() 可将任意类型的数据添加到 StringBuilder 容器中。在本实验中，可以先创建 StringBuilder 对象：

StringBuilder sbuild = new StringBuilder();

设当前字符为 current，与 current 相同的字符有 count 个，则以下语句可以实现字符 + 数量的输出：

sbuild.append(current).append(count);

## 📖🔍 拓展训练

（1）语句"String s1 = "a" + "b";"创建了几个对象？

（2）语句"String s2 = new String("ab");"创建了几个对象？

（3）语句"String s3 = new String("a")+ new String("b");"创建了几个对象？

# 第 11 单元
## Java 输入与输出

**单元导读**

计算机的核心任务是服务于外部世界，获取外部世界的信息并将结果反馈给外部世界。Java 语言为了实现这一计算机功能，提供了一套抽象的流及对流的抽象读写机制。这套抽象流可以分为节点流、转换流和处理流，不同流之间可以进行套接以便实现特定场景的流操作。

## 知识要点

Java 将数据看成一种流，可以流出也可以流入。当处理输出流时，Java 使用写机制；当处理输入流时，Java 使用读机制。数据流有固定的格式，符合文本编码规范的数据流称为文本 I/O 流，其他不符合文本编码规范的数据流统称为二进制 I/O 流。当处理不同的数据流时，Java 分别提供了文本 I/O 的读写和二进制 I/O 的读写。

### 1. Java 文本 I/O 应用

Reader 是一个抽象类，在实施具体的文本读操作时，需要根据流的具体形式使用子类实现。JDK 提供了实现缓冲功能的 BufferReader，实现过滤功能的 FilterReader，针对字节数组的流 CharArrayReader，针对管道的 PipedReader，针对字符串的 StringReader。另外还有一种针对二进制流的转换流 InputStreamReader，它的作用是将原来按照二进制方式解析的流变成用字符编码方式解析的文本流。

类似的，Writer 也是一个抽象类，在实施具体的文本写操作时，也需要根据要输出的具体流选择合适的子类实现。JDK 提供了 BufferedWriter、FilterWriter、CharArrayWriter、PipedWriter、PrinterWriter 和 StringWriter，另外 OutputStreamWriter 也是一种转换流，可以将二进制流转换为文本流。

无论是哪种文本流，它们都有相同的父类 Reader 或 Writer，所以各子类之间可以很方便地进行转换。

### 2. Java 二进制 I/O 应用

二进制 I/O 流提供了基于字节的流操作，通常二进制流的内容的解析需要由程序员自己完成。查阅 JDK 文档可知，InputStream 下面直接包含的子类有多媒体输入流（AudioInputStream）、字节数组输入流（ByteArrayInputStream）、二进制文件输入流（FileInputStream）、过滤输入流（FilterInputStream）、对象输入流（ObjectInputStream）、管道输入流（PipedInputStream）、顺序输入流（SequenceInputStream）、字符串缓冲输入流（StringBufferInputStream）。对于 OutputStream 的直接子类，读者亦可查阅 JDK 文档。

## 实验 1　Java 文本 I/O 应用

### 知识目标

理解文本的概念，掌握字符串编码格式；理解输入 / 输出设备和存储设备，掌握标准输入流、标准输出流和文件系统；理解流的概念，掌握字符流的基本读写操作，实现各类流之间的相互转换；理解文件、文件系统，掌握文件的读写操作。

### 能力目标

能够运用字符流对文件进行读写操作；能够使用文件系统；能够灵活使用恰当的流进行字符文件的处理。

### 素质目标

培养自主、开放的学习能力；能够查阅文献，阅读代码并整合修改，提升业务水平。

Java 文本 I/O
应用

### 验证性实验——诗歌的行文转换

读取文件 poem.txt，按下面所述进行修改后保存到 poem.txt 文件中。文件中的诗句是从右向左竖排的，现在需要程序处理成符合现代行文规范的从左向右横排排列。如图 11-1 所示，左边文件中的文字为竖排格式，右边文件中的文字为横排格式。

图 11-1　诗歌行文规范排列方式变换

编写程序，并测试功能。行文转换测试程序运行结果如图 11-2 所示。

```
Console ×
<terminated> StyleConvertorTest [Java Application] C:\Program Files\Java\jdk-14.0.1\bin\javaw.exe
无效文件路径测试通过！
现代行文结构转换成古代行文结构测试通过！
古代行文结构转换成现代行文结构测试通过！
```

图 11-2　行文转换测试程序运行结果

【参考程序 11.1】

```java
public class StyleConvertorTest {
    public static void main(String[] args) {
        if(testFileNotFound() == true) {
            System.out.println(" 无效文件路径测试通过！ ");
        } else {
            System.out.println(" 错误：无效文件路径测试没有通过！ ");
        }
        // 在此处添加代码，完成下面测试代码的调用
    }
    public static boolean testFileNotFound() {
        boolean bRtn = false;
```

```
        // 在此处添加代码
        return bRtn;
    }
    public static boolean testLeftRightConvertToRightLeft(){
        boolean bRtn = false;
        // 在此处添加代码
        return bRtn;
    }
    public static boolean testRrightLeftConvertToLeftRight(){
        boolean bRtn = false;
        // 在此处添加代码
        return bRtn;
    }
    // 比较两个文件的内容是否一致，如果一致返回 true，否则返回 false
    private static boolean compareFile(File source,File target) {
        boolean bRtn = false;
        // 在此处添加代码
        return bRtn;
    }
}
class StyleConvertor {
    private final File file;
    public StyleConvertor(File file) throws FileNotFoundException {
        if(file.exists() && file.isFile())
            this.file = file;
        else
            throw new FileNotFoundException(" 文件 " + file + " 无法找到或者是一个目录。");
    }
    /**
     * 将从右向左的行文转换为从左向右的行文
     * 1. 首先读取源文档的行列数
     * 2. 建立相应的行缓冲字符串数组
     * 3. 逐行读取字符，并将相应的字符存储到行缓冲数组的对应位置
     * 4. 最后将调整好的行缓冲字符串数组写入到指定文件中
     */
    public void rightLeftConvertToLeftRight() {
        // 在此处添加代码
    }
    /**
     * 将从左向右的行文转换为从右向左的行文
     * 根据上面方法的经验，完成本方法的实现
     */
    public void leftRightConvertToRightLeft() {
        // 在此处添加代码
    }

    /**
     * 转换后的输出文件的文件名生成器
     * @apiNote 文件名生成过程中需要考虑文件的分隔符、文件名是否有后缀等问题
     * @param flag 如果 flag 为 true，则文件内容按照从右向左的行文规范排列，文件名加 "_r" 后缀
     * 否则文件内容按照从左向右的行文规范排列，文件名加 "_l" 后缀
     * @return rtnFileName 作为生成的新文件的文件名
```

```
    */
    private String getConvertFileName(boolean flag) {
        String rtnFileName = null;
        // 在此处添加代码
        return rtnFileName;
    }
}
```

## 验证性实验——上三角矩阵筛查

读取文件 matrix.txt，检测该文件中上三角矩阵的数量和矩阵，将其写入 matrix_answer.txt 文件中，将标准结果存放在 matrix_result.txt 文件中。该实验满足以下要求。

（1）完成相关类的设计，并完成测试。

（2）matrix.txt 文件的首行为矩阵的数量，每个矩阵之间用"%--"分隔。

矩阵文件读写测试程序的测试数据文件内容和部分运行结果如图 11-3 所示。

| (a) | (b) |
|---|---|
| 4 | 这个是问题"矩阵"无法打印。 |
| %-- | |
| 1 2 3 | 1 6 3 5 6 |
| 0 1 5 5 | 9 1 7 1 0 |
| 1 9 8 | 1 9 2 0 0 |
| %-- | 4 7 8 1 0 |
| 1 6 3 5 6 | 0 0 2 5 1 |
| 9 1 7 1 0 | |
| 1 9 2 0 0 | 1 2 3 4 8 0 |
| 4 7 8 1 0 | 0 3 4 5 6 9 |
| 0 0 2 5 1 | 0 0 2 3 5 1 |
| %-- | 0 0 0 6 1 0 |
| 1 2 3 4 8 0 | 0 0 0 0 2 1 |
| 0 3 4 5 6 9 | 0 0 0 0 0 8 |
| 0 0 2 3 5 1 | |
| 0 0 0 6 1 0 | 1 5 |
| 0 0 0 0 2 1 | 9 8 |
| 0 0 0 0 0 8 | |
| %-- | |
| 1 5 | |
| 9 8 | |

图 11-3　矩阵文件读写测试程序的测试数据文件内容和部分运行结果

【参考程序 11.2】

```
public class MatrixDemo {
    public static void main(String[] args) {
        if(testReadFile()) {
```

```
                System.out.println(" 矩阵文件读取正确。");
            }else {
                System.out.println(" 错误：矩阵文件读取有问题。");
            }
            if(testUpperTriangleMatrix()) {
                System.out.println(" 上三角矩阵判断正确。");
            }else {
                System.out.println(" 错误：上三角矩阵判断有问题。");
            }
        }

        public static boolean testReadFile() {
            // 在此处添加代码，实现矩阵文件读取测试
        }

        public static boolean testUpperTriangleMatrix() {
            // 在此处添加代码，实现上三角矩阵判断测试
        }
    }

public class MatrixFromFile {
    private File file;
    private int numOfMatrix;
    public MatrixFromFile(String filepath) throws FileNotFoundException{
        // 在此处添加代码，实现文件初始化
    }
    public Matrix[] read() {
        // 在此处添加代码，实现矩阵文件的读取
        return rtnMatrix;
    }
}

public class Matrix {
    private int[][] elements;
    private int row;
    private int col;
    // 可根据需要自行添加必要的 private 成员变量和成员方法

    /**
     * 构造方法
     * 根据参数 elems 初始化成员 elements，如果参数不能构成矩阵则抛出异常；初始化后 elements 的值改变
不能影响参数 elems
     * @exception 当参数 elems 不是一个矩阵时，抛出异常 "错误：无法构造 Matrix 对象，参数数组不是一个矩阵。"
     * @param elems
     */
    public Matrix(int[][] elems) throws ArithmeticException{

    }
    /**
     * 判断矩阵是否是上三角矩阵
     * @return 如果是上三角矩阵返回 true；否则返回 false
     */
```

```
public boolean isUpperTriangleMatrix() {
    return true;
}
/**
 * 判断矩阵是否是方阵
 * @return 如果是方阵返回 true；否则返回 false
 */
public boolean isSquareMatrix() {
    // 在此处添加代码，判断矩阵是否是方阵
    return false;
}
/**
 * 将矩阵转换为字符串
 * 例如，矩阵是 1 2 3，转换为字符串是："1 2 3\n4 5 6\n7 8 9\n"
 *              4 5 6
 *              7 8 9
 */
public String toString() {
    String sRtn = null;
    // 在此处添加代码，实现矩阵的字符串输出
    return sRtn;
}
}
```

## 验证性实验——字符类型统计

将 input.txt 作为标准输入，读取文件中的字符串。对读取的字符串进行统计，统计其中的数字字符、中文字符和英文字符的个数，在控制台输出统计结果。如果读取的字符串不是数字、中文、英文，则将其写入系统默认的 err 流中后，程序继续执行。文件中的字符串以空格或回车进行分割。字符串检测程序测试代码运行结果如图 11-4 所示。

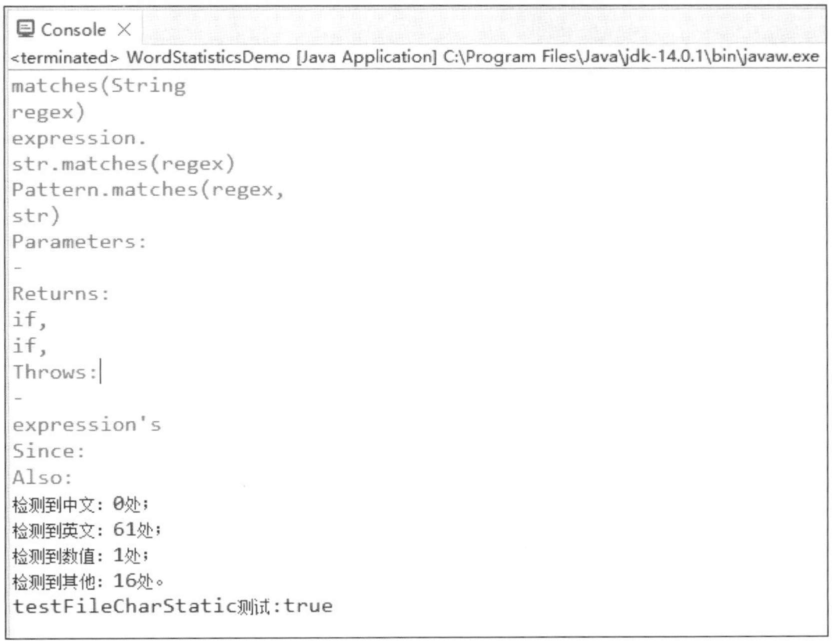

```
Console ×
<terminated> WordStatisticsDemo [Java Application] C:\Program Files\Java\jdk-14.0.1\bin\javaw.exe
matches(String
regex)
expression.
str.matches(regex)
Pattern.matches(regex,
str)
Parameters:
-
Returns:
if,
if,
Throws:
-
expression's
Since:
Also:
检测到中文：0处；
检测到英文：61处；
检测到数值：1处；
检测到其他：16处。
testFileCharStatic测试：true
```

图 11-4　字符串检测程序测试代码运行结果

【参考程序 11.3】

```java
public class WordStatisticsDemo {
    public static void main(String[] args) {
        System.out.println("testFileCharStatic 测试 :" + testFileCharStatic());
        // 添加其他必要的测试
    }
    public static boolean testFileCharStatic() {
        boolean bRtn = false;
        try {
            FileCharStatic fcs = new FileCharStatic("resource/word.txt");
            System.out.println(" 检测到中文：" + fcs.getChineseCount() + " 处；");
            System.out.println(" 检测到英文：" + fcs.getEnglishWordCount() + " 处；");
            System.out.println(" 检测到数值：" + fcs.getNumCount() + " 处；");
            System.out.println(" 检测到其他：" + fcs.getOtherCount() + " 处。");
            bRtn = fcs.getChineseCount() == 0&& fcs.getEnglishWordCount() == 61&& fcs.getNumCount() ==
1&& fcs.getOtherCount() == 16;
        } catch (FileNotFoundException e) {
            e.printStackTrace();
        }
        return bRtn;

        return bRtn;
    }
}
public class FileCharStatic {
    private File file;
    private int englishWordCount;
    private int numCount;
    private int chineseCount;
    private int otherCount;
    // 省略部分 getter 方法、setter 方法
    /**
     * 构造方法，检查文件是否存在，如果存在则进行统计工作。
     * @param path 传入的文件路径
     * @throws FileNotFoundException 如果文件不存在则抛出异常，并提示 "文件不存在，请检查文件路径。""
     */
    public FileCharStatic(String path) throws FileNotFoundException {
        // 根据提示补全代码
    }
    /**
     * 统计指定文件中的不同类型字符的数量
     * @param f
     */
    private void doWordStaticFromFile(File f) {
        try (// 在此处添加代码 ) {
            String line;
            while ((line = br.readLine()) != null) {
                String[] words = line.split(" ");
                for (String word : words) {
```

```
                    switch (check(word)) {
                        case // 在此处添加代码 :
                            chineseCount++;
                            break;
                        case // 在此处添加代码 :
                            englishWordCount++;
                            break;
                        case // 在此处添加代码 :
                            numCount++;
                            break;
                        default:
                            otherCount++;
                            // 在此处添加代码
                    }
                }
            }
        } catch (FileNotFoundException e) {
            e.printStackTrace();
        } catch (IOException e) {
            e.printStackTrace();
        }
    }
    /**
     * 遍历要统计的文件或文件夹，如果 file 是文件夹则仅统计该文件夹下的所有文件，不再遍历下层文件夹
     */
    private void doWordStatic() {
        if (file.isFile())
            doWordStaticFromFile(file);
        else {
            // 在此处添加代码，遍历文件夹，并进行统计
        }
    }
    /**
     * 检测字符串是否符合相应要求
     * @param word 待检测的字符串
     * @return 字符的类型
     */
    public static WordType check(String word) {
        WordType wtRtn = WordType.OTHER;
        // 在此处添加代码，使用 String 的 matches 方法进行字符类型检查
        return wtRtn;
    }
}
```

## 设计性实验——获取 Web 页面中图片标签的 src 属性值

在控制台输入 Web 页面的 URL（统一资源定位符），将主页上出现的 img 标签中的 src 属性值保存到 web_img_src.txt 中，每个 src 值单独存一行。获取主页 img 标签 src 属性值的程序的运行结果如图 11-5 所示。

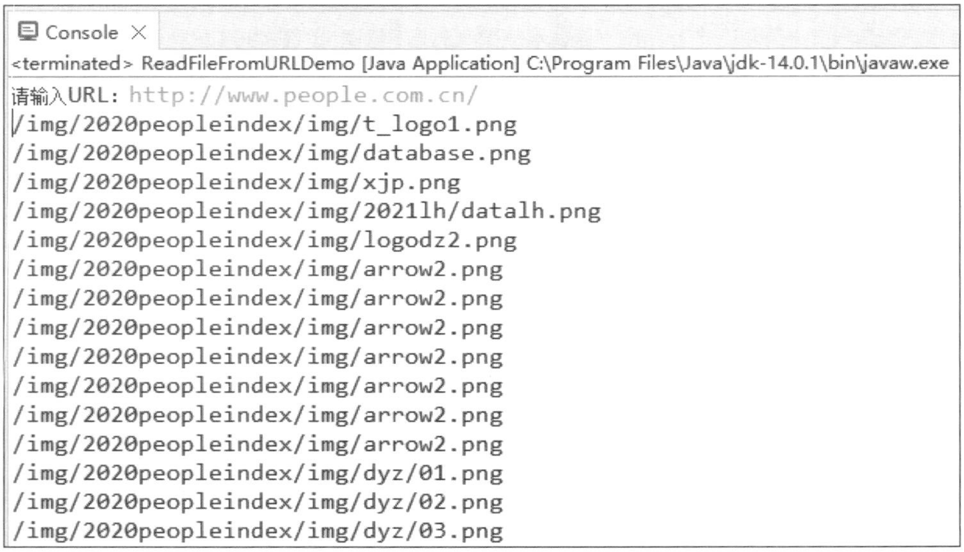

图 11-5　获取主页 img 标签 src 属性值程序的运行结果

⚠点拨

使用 java.util.Scanner 类获取用户输入的网页地址。访问该页面获得一个文档流，找到流中  的位置，然后再找到该标签的 src 属性，并记录下 src 属性值，最后写入指定文件中。

## 设计性实验——读取指定文件夹中的文件列表

如果目录正确，则在控制台显示指定目录下文件后缀名为 java 的文件列表，否则让用户重新输入目录直到得到正确的目录。然后根据提示让用户输入需要打印的文件序号，选中后将文件内容显示在控制台上。如果用户选择的序号为 0，则退出程序；如果用户选择的序号不在列表范围，则让用户重新输入序号。读取指定文件夹中的文件列表程序运行结果如图 11-6 所示。

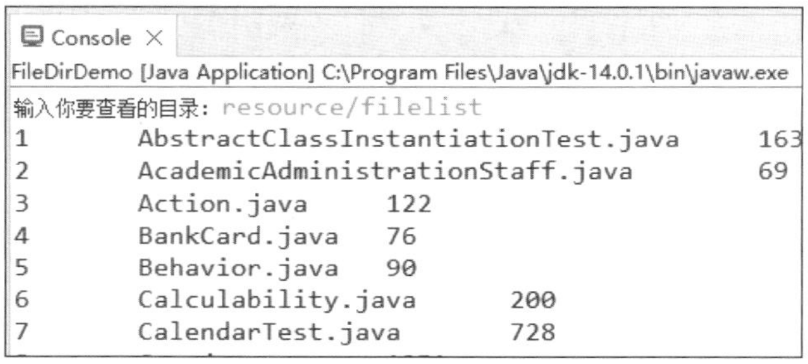

图 11-6　读取指定文件夹中的文件列表程序运行结果

## 设计性实验——日历文件生成工具 MyCalendarTool

（1）通过命令行参数输入年份和月份，生成该月的日历文件，文件名为"年份月份 .csv"，如 202302.csv。

（2）默认按照星期一至星期日排列。例如输入" MyCalendarTool -y 2023 -m 2 -w m"表示生成 2023 年 2 月的日历，生成的日历把星期一作为一周的起始日。 选项 -y 后面的参数为年份；-m 后面的参数为月份；-w 后面的参数为一周起始日，可以设置为 m、s 或缺省，m 表示周一、s 表示周日、缺省时默认周一是一周的起始日。日历生成程序的执行过程和结果如图 11-7 和图 11-8 所示。

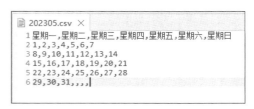

图 11-7　日历生成程序的执行过程　　　　图 11-8　日历生成文件的内容

## 拓展训练

（1）使用字符流时需要根据字符编码的类型进行编解码，默认情况下将根据操作系统当前设置的系统编码，如果需要指定流的编码，则需要提供编码信息。常用的字符编码有 GB2312、GBK、UTF-8 等。请参阅 JDK API 文档，查阅输入流和输出流的构造方法，观察是否包含编码类型的参数选项。

（2）文件路径分隔符在不同操作系统下是不同的。Unix/Linux 系统采用斜杠 "/"，Windows 系统采用反斜杠 "\"，Java 提供了 File.separator 指代文件路径分隔符。

## 实验 2　Java 二进制 I/O 应用

### 知识目标

理解二进制文件的概念，掌握字节流的基本读写操作和各类流之间的相互转换；理解并掌握非字符编解码文件。

### 能力目标

能够运用字节流对文件进行读写操作；能够使用文件系统；能够灵活使用恰当的流进行字节文件的处理；能够运用转换流进行字节流和字符流间的转换。

Java 二进制
I/O 应用

### 素质目标

培养团队协作精神和全局意识。

### 验证性实验——文件的加密和解密

现在需要传递一份文件，在传递过程中对文件进行加密。

（1）要设计一种加密方法，将文本文件使用字节流的方式读入，将字节码左移一位，移除的高位作为文本最后一个字节码的低位，左移后，字节码的最低位采用后一字节的最高位进行补充。例如，如果只有 2 个字节码，第 1 个字节码为 01101101，第 2 个字节码为 10110110，左移一位后第 1 个字节码为 11011011，第 2 个字节码为 01101100。

（2）设计一个 Encipherment 类，提供 encrypt 和 decrypt 方法。

simple.txt 文件加密解密前后效果如图 11-9 所示。

图 11-9　simple 文件加密解密前后效果

【参考程序 11.4】

```java
public class Encipherment {
    private File source;
    private File target;

    public Encipherment(File source,File target) {
        this.source = source;
        this.target = target;
    }
    public void encrypt() {
        try (// 补充下面程序需要的节点流和处理流 ){
            byte[] currentBytes = new byte[1024];// 当前的字节数组
            byte[] nextBytes = new byte[1024];// 下一组字节数组
            int length;
            boolean isFirst = true;// 是否是首行
            byte firstByteTopDigit = 0;

            while(true) {
                if(isFirst == true) {
                    length = bis.read(currentBytes);
                    if(length > 0 && length < 1024 ) {
                        // 完成业务逻辑处理。该分支处理文件已经没有后续行
                    } else if(length == 1024) {
                        // 完成业务逻辑处理。该分支处理文件可能有后续行
                    } else {
// 完成业务逻辑处理。读取为空，表明上次读的是最后一行。也就是说文件的字节数是 1024 的整数倍
                    }
                    isFirst = false;
                } else {
                    length = bis.read(nextBytes);
                    // 处理上一行的最后一个字节
                    if(length <= 0) {
                        currentBytes[1023] = setBitValue(currentBytes[1023],0,firstByteTopDigit);
                        bos.write(currentBytes);
                        break;
                    } else {
                        currentBytes[1023] = setBitValue(currentBytes[1023],0,getBitValue(nextBytes[0],7));
                        bos.write(currentBytes);
                    }
                    // 处理当前行
                    currentBytes = nextBytes;
                    if(length < 1024){
                        for(int i = 0; i < length ; i++) {
                            currentBytes[i] <<= 1;
                            if(i + 1 < length )
                                currentBytes[i] = setBitValue(currentBytes[i], 0, getBitValue(currentBytes[i+1],7));
                            else
                                currentBytes[i] = setBitValue(currentBytes[i], 0, firstByteTopDigit);
```

```
                    }
                    bos.write(currentBytes,0,length);
                    break;
                } else if(length == 1024) {
                    for(int i = 0; i < length ; i++) {
                        currentBytes[i] <<= 1;
                        if(i + 1 < length )
                            currentBytes[i] = setBitValue(currentBytes[i], 0,
                            getBitValue(currentBytes[i+1],7));
                        else
                            continue;
                    }
                } else {
                    break;
                }
            }
        }

    } catch (FileNotFoundException e) {
        e.printStackTrace();
    } catch (IOException e) {
        e.printStackTrace();
    }
}
public void decrypt() {
    //完成解密方法
}

private byte getBitValue(byte source, int pos) {
    return (byte) ((source >> pos) & 1);
}

private byte setBitValue(byte source, int pos, byte value) {
    byte mask = (byte) (1 << pos);
    if (value > 0) {
        source |= mask;
    } else {
        source &= (~mask);
    }
    return source;
}
}
```

## 验证性实验——购物车对象的序列化和反序列化

　　用户登录后，服务器会保存用户的登录信息，为防止这台服务器意外宕机，集群系统会按照某种策略将用户登录信息备份在其他服务器上，以便在原服务器故障时及时衔接。下面模拟对用户的购物车对象进行序列化后将相关信息发送给其他服务器，然后进行反序列化的工作。下面提供主要代码，请补充完整代码，并通过测试实现提示输出。购物车对象的序列化和反序列化程序运行结果如图 11-10 所示。

```
001 zhangsan 2023年1月22日 7:42:21
c43a4d2f-57f2-4e2c-816e-38d63f443d47          显示器      1
8aaa076b-37ee-4e16-ae21-68cdf8265a27          内存        2
e2c36ef0-190a-43f3-8b53-8d726dee2fd5          插排        5
```

图 11-10　购物车对象的序列化和反序列化程序运行结果

【参考程序 11.5】

```java
//ShoppingCart.java
public class ShoppingCart _____ { // 在横线位置添加必要代码
        private static final long serialVersionUID = -6555800031481806944L;
        private String id;
        private String name;
        private Calendar recentlyModified ;
        private Goods[] goods;
        public ShoppingCart(String id, String name, Calendar recentlyModified,Goods[] goods) {
                super();
                this.id = id;
                this.name = name;
                this.recentlyModified = recentlyModified;
                this.goods = goods;
        }
        // 此处省略 getter 方法、setter 方法
}
//SericalizeFileDemo.java
public class SericalizeFileDemo {
    public static void main(String[] args) {
        Goods[] goods = new Goods[3];
        goods[0] = new Goods(UUID.randomUUID()," 显示器 ",1);
        goods[1] = new Goods(UUID.randomUUID()," 内存 ",2);
        goods[2] = new Goods(UUID.randomUUID()," 插线板 ",5);
        Calendar lastModifyTime = Calendar.getInstance();
        // 在下面横线处添加代码
        try(var sf = _____ (new FileOutputStream("resource/sericalize/shoppingcart.txt"))){
            var shoppingCart = new ShoppingCart("001", "zhangsan", lastModifyTime,goods);
                _____ // 在横线处添加代码
        } catch (FileNotFoundException e) {
            e.printStackTrace();
        } catch (IOException e) {
                e.printStackTrace();
        }
    }
}
//DeserializeFileDemo.java
public class DeserializeFileDemo {
    public static void main(String[] args) {
    try(var ois = _____(new // 在横线处添加代码
            FileInputStream("resource/sericalize/shoppingcart.txt"))){
            var shoppingCart = _____ // 在横线处添加代码
```

```
            System.out.println(shoppingCart.getId() + " " + shoppingCart.getName()
                + " " + shoppingCart.getRecentlyModified().get(Calendar.YEAR)
                + " 年 " + shoppingCart.getRecentlyModified().get(Calendar.MONTH)
                + " 月 " + shoppingCart.getRecentlyModified().get(Calendar.DATE)
                + " 日 " + shoppingCart.getRecentlyModified().get(Calendar.HOUR)
                + ":" + shoppingCart.getRecentlyModified().get(Calendar.MINUTE)
                + ":" + shoppingCart.getRecentlyModified().get(Calendar.SECOND));
            for(Goods g : shoppingCart.getGoods()) {
                System.out.println(g);
            }
        } catch (FileNotFoundException e) {
            e.printStackTrace();
        } catch (IOException e) {
            e.printStackTrace();
        } catch (ClassNotFoundException e) {
            e.printStackTrace();
        }
    }
}
```

## 验证性实验——文件的拷贝

实现文件或目录的拷贝，并能够根据给定的参数选项过滤文件。例如 copyfile source target --level 2 --size 1024,2048 --extension java,c,py --name xxx。

（1）--level 参数仅在文件为目录时有效，默认拷贝目录的所有子孙文件，如果提供该参数则仅拷贝至相应层级为止。--level 0 表示仅拷贝当前文件目录下的子文件；--level 2 表示仅拷贝当前文件目录下的两层子目录中的文件。

（2）--size minSize,maxSize 表示拷贝的文件大小需要介于 minSize（包含）和 maxSize（包含）之间，如果 minSize 或 maxSize 缺省表示下界或上界无限制。

（3）--extension java,c,py 表示拷贝的文件扩展名必须为后面列举的一种。

（4）--name xxx 表示文件名中包含 xxx。

【参考程序 11.6】

```
public class CopyFile {
    public static void main(String[] args) {
        // 根据下面的提示实现参数解析
        cpFile(sourceFile,targetFile,minSize,maxSize,extensions,includeName,level);
    }
    private static void cpFile(File sourceFile,File targetFile,int minSize,int maxSize,String[] extensions,String
includeName,int level) {
        File[] files = sourceFile.listFiles(new FilenameFilter() {
        @Override
        public boolean accept(File dir, String name) {
        // 补全代码实现文件判断
        });
        for(int idx = 0; idx < files.length ; idx++) {
        // 补全代码遍历 files
        }
    }
```

```
/**
* 单文件的拷贝
* @param sourceFile 是源文件,注意不是目录仅是一个单文件
* @param targetFile 是目标文件
*/
private static void cpFile(File sourceFile,File targetFile) {
    // 补全代码实现文件判断
}
}
```

**点拨**

（1）在文件复制前需要检查参数是否正确，具体操作可以参考下面的提示。

①判断是否是需要处理的选项。如果不是规定的选项，抛出异常；如果是，再判断 idx+1 项是否存在。如果 idx+1 不存在，抛出异常；如果 idx+1 存在，作为选项参数值返回。

②如果不是需要的选项，那么第 1 个为源文件，第 2 个为目标文件。

③判读源文件和目标文件是否存在、路径是否正确。

（2）cpFile 方法和 cpFile 方法中各参数的含义参考下面的说明。

cpFile 方法用来实现对 sourceFile 目录下的所有文件的拷贝，并支持对文件大小、文件名、文件扩展名、目录层级等信息进行筛选。

sourceFile 表示源文件目录；targetFile 表示目标文件目录；minSize 表示文件的最小大小；maxSize 表示文件的最大大小；extensions 表示文件的扩展名，可以是以逗号隔开的多个扩展名，如 java,c,py 表示接受扩展名为 java 或者 c 或者 py 的文件；includeName 表示文件名包含的字符串；level 表示文件夹的层级，level 为 0 表示仅拷贝当前目录下的文件，其子目录不进行拷贝，level 为负数表示拷贝的子目录不受限制，level 为正数表示拷贝到指定层级的子目录为止。

**注意**

（1）注意命令行选项和参数的格式。命令行必须包含源文件和目标文件两个参数；命令行选项都是可选的，如果有对应的选项则不需跟随选项参数，如果没有则程序采用默认的选项参数。

（2）注意单文件拷贝和目录的拷贝操作是不一样的。

（3）注意文件列表过滤器的实现，可以使用 lambda 表达式。

## 设计性实验——保存指定 URL 页面上的图片到本地文件夹

获取指定 URL 上的 img 标签对应的 src 中的图片，保存到本地，输入的网站 URL 如图 11-11 所示，获取的图片资源保存在本地后如图 11-12 所示。

Console ✖
<terminated> ReadFileFromURLDemo [Java Application] C:\Program Files\Java\jdk-14.0.1\bin\javaw.exe
请输入URL：https://www.ceeaa.org.cn/

图 11-11 输入网站 URL

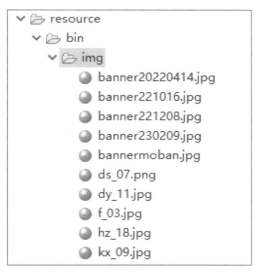

图 11-12　获取的主页上的图片

⚠注意

由于网页代码存在书写表示不一致的情况，程序实现中需要注意 img 标签下的 src 值的表示方法。

情况 1：在浏览器中输入"https://www.ceeaa.org.cn/"访问中国工程教育专业认证协会首页，得到的代码为"<img src='images/logo_03.png'>"。

情况 2：在浏览器中输入"https://www.baidu.com"访问百度首页，得到的代码为"<img hidefocus=true src=//www.baidu.com/img/bd_logo1.png width=270 height=129>"。

情况 3：在浏览器中输入"https://www.sina.com"访问新浪网首页，得到的代码为"<img width=0 height=0 src='//beacon.sina.com.cn/a.gif?noScript' border='0' alt='' />"

## 设计性实验——编写一个生成指定文件的十六进制编码的文件生成器

对任意的文件，经过该编码生成器的处理后得到的是一个文本文件，其中内容为对应文件的十六进制编码，程序运行结果如图 11-13 所示。

```
Console  ×
<terminated> Test (17) [Java Application] C:\Program Files\Java\jdk-14.0.1\bin\javaw.exe
10110101101011001110001001101011              B5ACE26B
10111110111101001011100101001011              BEF4B94B
11100011101000010100011111100101              E3A147E5
00101100101010110110010010111010              2CAB64BA
00110100011111000000001001000010              347E0242
01100001100000000111000011001010              618070CA
00001101100001011100000001000100              0D85C044
00100000000100010001000100100001              20044421
10100000001000000010000000100011              A0202023
01110100111110110010010000111100              74FB243C
00010100001110110011011011011000              143B36D8
11011101011011011101001111011101              DD6DD3DD
01110101010101001010001011110111              7554A2F7
11010010100101001100101011111100              D294CAFC
```

图 11-13　将二进制文件转换为十六进制文件的程序运行结果

## 设计性实验——为文件增加校验字段

　　某系统为了加强文件传输的可靠性，在文件传输过程中发送校验信息。接收端接收到数据后，需要根据计算得到校验数据并和接收到的校验信息进行比对，如果校验正确，则去除校验字节，否则就返回数据传输异常的错误提示，并停止接收数据。模拟上述场景，开发两个程序，模拟发送端 Send 和接收端 Receive。Send 端将需要传输的文件处理后产生相应的传输文件，Receive 端解析传输文件并判断该文件是否正确。校验方式为奇偶校验。校验信息放在文件的最末尾，为一个字节。文件校验程序运行结果如图 11-14 所示。

图 11-14　文件校验程序运行结果

## 拓展训练

　　（1）JDK 1.4 提供了 java.nio 包，该包提供了一套支持面向缓冲并支持通道的 I/O 操作。Channel、Buffer 和 Selector 是其中 3 个最为核心的接口。同时 java.nio.file 包也提供了更多的对文件系统的操作工具。

　　（2）编写程序测试对比字节流和字符流传输文件的速度，分析并说明原因。

# 第 12 单元

## 泛型与集合

**单元导读**

Java 语言中的数组长度是固定，多个对象存储维护很不方便，对象查找以及相关的常用操作效率低。程序设计中存在大量结构相同而数据类型（后文简称类型）不同的实体类，采用重载方式仍然会有代码重复的问题，不利于代码维护。泛型与集合能够方便程序开发，有利于代码维护。本单元将练习设计泛型方法和泛型类，实现功能和类型的泛化目标，得到与类型无关的代码功能集；学习系统内置集合类和算法，完成常用排序、查找等功能。

## 知识要点

### 1. 泛型

泛型的本质是参数化类型，是一种把明确类型的工作推迟到创建对象或者调用方法的时候才去进行的特殊类型。也就是说，在泛型应用过程中，程序的数据类型被设定为一个参数，这种参数类型可以应用于类、接口和方法中，这些类、接口和方法分别被称为泛型类、泛型接口和泛型方法。Java 引入泛型的主要目的是将类型检查工作提前到编译期，将类型强制转换工作交给编译器，实现在编译时就获得类型转换异常的信息，同时去掉源码中的类型强制转换代码。

（1）泛型类。在定义类时通过指定参数构成泛型类。泛型类定义格式如下：

```
class 类名称 < 泛型标识列表 >{
    private 泛型标识 var; /*（成员变量类型）*/
    ......
    }
}
```

下面是一个普通泛型类的代码示例。

```
public class Generic<T>{
    //key 这个成员变量的类型为 T,T 的类型由外部指定
    private T key;
    public Generic(T param){ // 泛型构造方法形参 param 的类型为 T
        this.key = param;
    }
```

```
    public T getKey(){ // 泛型方法 getKey 的返回值类型为 T，T 的类型由外部指定
        return key;
    }
}
```

在定义类型时，通过指定参数列表定义参数类型名称来指定泛型。参数类型名称作为类型可以在类的内部使用，用于申请对象或变量、形参定义等。上述代码通过泛型参数类型申明 T 类型的变量 key，声明 T 类型的函数形参 param。类型参数列表支持同时定义多个类型参数，类型参数之间用逗号分隔。

```
public class Box<T, S> {
    private T t;
    private S s;
    public void set(T t, S s){
        this.t = t;
        this.s = s;
    }
    public T getFirst(){
        return t;
    }
    public S getSecond(){
        return s;
    }
}
```

（2）泛型接口。泛型接口与泛型类的定义基本一致，至少要有一个类型参数。其定义格式如下：

```
// 定义一个泛型接口
public interface Generator<T> {
    public T next();
}
```

泛型接口定义后，需要被继承生成派生类，泛型接口的派生类可以分为未传入泛型实参和传入泛型实参两种实现方式。未传入泛型实参时，与泛型类的定义相同，在声明类的时候，需将泛型的声明也一起加到类中。下面的两个 FruitGenerator 类分别展示了未传入泛型实参和传入泛型实参的派生类定义方式。

```
// 未传入泛型实参派生类定义
public class FruitGenerator<T> implements Generator<T>{
    @Override
    public T next(){
        return null;
    }
}
// 传入泛型实参派生类定义
public class FruitGenerator implements Generator<String> {
    private String[] fruits = new String[]{"Apple", "Banana", "Pear"};
    @Override
    public String next(){
```

```
            Random rand = new Random();
            return fruits[rand.nextInt(3)];
        }
    }
```

（3）泛型方法。泛型类是在实例化类的时候指明具体类型，而泛型方法是在调用方法的时候指明具体类型。在 Java 中，与泛型类的定义相比，泛型方法的定义比较复杂。在类中定义泛型方法的示例如下。

```
public class Generic {
    public <T> T getObject(Class<T> c)throws InstantiationException, IllegalAccessException{
        // 创建泛型对象
        T t = c.newInstance();
        return t;
    }
}
```

说明：

① public 与返回值中间的 <T> 非常重要，它用来声明此方法为泛型方法；

② 只有声明了 <T> 的方法才是泛型方法，泛型类中使用了泛型的成员方法并不是泛型方法；

③ <T> 表明该方法将使用泛型类型 T，此时才可以在方法中使用泛型类型 T；

④ 与泛型类的定义一样，此处 T 可以随便写为任意标识，T、E、K、V 等形式参数常用于表示泛型。

（4）泛型通配符。使用泛型类或接口传递的数据中的泛型类型不确定时，可以通过通配符"?"表示。使用泛型通配符后，只能使用 Object 类中的共性方法，集合中元素自身方法无法使用。因此，泛型通配符"?"主要应用于传递方法参数。

在 Java 泛型中可以指定泛型的上限和下限。泛型上限代表只能接收该类型及其子类，定义格式如下：

类型名称 <? extends 类 > 对象名称

泛型下限代表只能接收该类型及其父类型，定义格式如下：

类型名称 <? super 类 > 对象名称

2. 集合

集合是一个存放对象的容器。数组也是用来存放对象的一种容器，但是数组长度固定，不适合在对象数量未知的情况下使用。而集合的长度可变，可在大多数情况下使用。Java 集合框架主要包括两种类型的容器，一种是集合（Collection），用来存储一个元素集合，另一种是映射（Map），存储键值对映射。Collection 接口又有 3 种子类型：List、Set 和 Queue。Collection 接口的子类中有一些抽象类，还有一些具体的实现类，由实现类实现接口和抽象类，常用的实现类有 ArrayList、LinkedList、HashSet、LinkedHashSet、HashMap、LinkedHashMap 等。

集合框架是一个用来代表和操作集合的统一架构，集合框架包含如下内容。

（1）接口：代表集合的抽象数据类型，如 Collection、List、Set、Map 等。定义多个接口的目的是以不同的方式操作集合对象。

（2）实现类：集合接口的具体实现，如 ArrayList、LinkedList、HashSet、HashMap 等。

（3）算法：实现集合接口里的一些常用计算，如搜索和排序，并且它们在相似的接口中有着不同的实现。

3. 迭代器

迭代器（Iterator）不是一个集合，它是一种用于访问集合的方法，可用来迭代 ArrayList 和 HashSet 等集合。迭代器包含 next()、hasNext()、remove() 等几个重要方法，具体的功能描述如下。

（1）next()：返回迭代器刚迭代过的元素的引用并且更新迭代器的状态，返回值属于 Object 类型，需要强制转换成自己需要的类型。

（2）hasNext()：判断容器内是否还有可供访问的元素。

（3）remove()：删除迭代器刚迭代过的元素。

# 实验 　 使用泛型与集合开发 Java 程序

### 知识目标

了解 Java 集合框架的接口和实现类；理解泛型类、泛型接口、泛型方法的特点以及应用条件；掌握迭代器原理以及操作集合的常用方式。

泛型与集合的使用

### 能力目标

深入理解泛型类、泛型方法和泛型接口的定义以及应用；能在程序设计中熟练应用 List<E>、Set<E> 接口和 LinkedList<E>、ArrayList<E> 实现类。

### 素质目标

养成重复利用的意识和节约资源的好习惯。

## 验证性实验——泛型方法和泛型类应用

请运行下列程序，通过该程序掌握泛型方法和泛型类之间的关系。

【参考程序 12.1】

```java
// Fruit.java
class Fruit {
    @Override
    public String toString(){
        return "fruit";
    }
}
// Apple.java
class Apple extends Fruit {
    @Override
    public String toString(){
        return "apple";
    }
}
// Person.java
class Person {
    @Override
    public String toString(){
```

```
            return "Person";
        }
    }
    // GenerateTest.java
    class GenerateTest<T> {
        public void show_1(T t) {
            System.out.println(t.toString());
        }
        public <T> void show_2（T t）{
            System.out.println(t.toString());
        }
        public <E> void show_3（E t）{
            System.out.println(t.toString());
        }
    }
    // GenericFruit.java
    public class GenericFruit {
        public static void main(String[] args){
            Apple apple = new Apple();
            Person person = new Person();
            GenerateTest<Fruit> generateTest = new GenerateTest<Fruit>();
            generateTest.show_1(apple);
            //generateTest.show_1(person);
            generateTest.show_2(apple);
            generateTest.show_2(person);
            // 使用这两个方法也可以
            generateTest.show_3(apple);
            generateTest.show_3(person);
        }
    }
```

请运行上述代码，取消"generateTest.show_1(person);"注释后再重新运行，请根据运行结果分析泛型参数在 show_1、show_2 和 show_3 方法中的作用。

**⚠点拨**

方法的泛型参数来源于类或方法自己定义的泛型参数列表，方法参数优先。

## 验证性实验——通配符在泛型中的应用

请运行下列代码，理解泛型通配符在泛型方法中的应用。

【参考程序 12.2】

```
import java.util.*;
public class Generic {
    public static void main(String[] args){
    List<String> name = new ArrayList<String>();
    List<Integer> age = new ArrayList<Integer>();
    List<Number> number = new ArrayList<Number>();
    name.add("icon");
    age.add(18);
```

```
            number.add(314);
            getData(name);
            getData(age);
            getData(number);
        }
    public static void getData(List<?> data){
            System.out.println("data:" + data.get(0));
        }
    }
```

## 设计性实验——用 foreach 和迭代器遍历元素

请利用 ArrayList 存放字符串，分别采用 foreach 和迭代器循环遍历并输出所有元素。程序运行结果如图 12-1 所示。

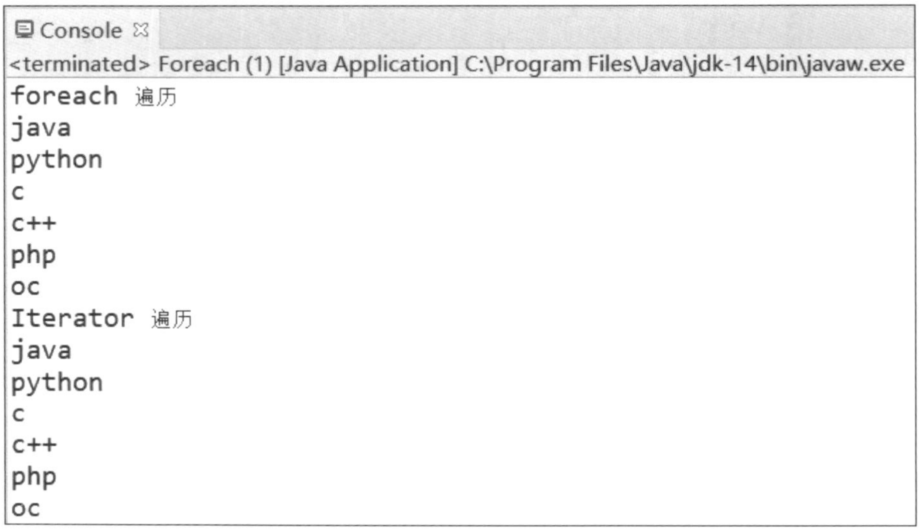

```
Console ⊠
<terminated> Foreach (1) [Java Application] C:\Program Files\Java\jdk-14\bin\javaw.exe
foreach 遍历
java
python
c
c++
php
oc
Iterator 遍历
java
python
c
c++
php
oc
```

图 12-1　两种遍历方法的程序运行结果

⚠点拨
（1）使用 for(String str : list) 的 foreach 方式遍历集合中的元素。
（2）通过 iterator() 方法获取集合对象的迭代器对象。

## 设计性实验——泛型类的设计

资源再生利用对国民经济发展具有重要意义。提高资源利用率有助于可持续发展，还可以带来社会效益。软件开发过程中会面临程序结构相同但是类型不同的场景，泛型设计能提高代码的复用率，减少资源浪费。请采用 List 泛型功能，编写具有存储功能的自定义泛型类。

自定义泛型类 MyStack，模拟数据结构中的栈，并测试泛型类。此类至少包含以下方法：压栈方法 push()；弹栈方法 pop()；获取栈顶元素的方法 peek()；获取栈中元素个数的方法 size()。请编写 MyStack 泛型类，测试程序运行结果如图 12-2 所示。

图 12-2　栈应用测试程序运行结果图

⚠点拨

栈中用 ArrayList<T> list 成员存储压栈数据。

## 设计性实验——Comparable 接口应用

继承 Comparable 接口，定义 Person 类并重写 compareTo 方法，使 Person 类可以放到 TreeSet 容器内，类中按照自定义比较规则在增加元素时自动排序。Person 类中包含字符串类型的姓名和整型类型的年龄。修改 compareTo 比较方法，让该类可实现按姓名或年龄进行排序，并可以放到 TreeSet 容器内。按姓名排序的测试程序运行结果如图 12-3 所示。

图 12-3　按姓名排序的测试程序运行结果

⚠点拨

（1）Person 类继承 Comparable 接口，并提供 <Person> 泛型参数。

（2）重写 compareTo(Person p) 方法，参数类型为 Person，并在方法中利用 instanceof 判断传入对象的类型是否为 Person。

（3）用 Iterator 遍历 TreeSet 对象，输出 Person 对象的姓名。

## 设计性实验——HashMap 在字符串统计中的应用

从键盘输入以空格分隔的英文单词和数字字符串，请设计一个程序对输入的字符串按空格进行分隔，分隔后的结果采用 HashMap 统计，以单词和数字作为关键词，统计每个单词和数字出现的次数，并输出出现两次以上的词的计数（单词不区分大小写）。图 12-4 为测试程序运行结果。

图 12-4　HashMap 应用测试程序运行结果

⚠️点拨

（1）字符串的输入采用 nextLine 方法，实现整行字符串的读取。

（2）用 HashMap<String, Integer> 创建 Map 存储对象。

（3）采用语句 String[] tokens = input.split(" ") 可以得到分割后的字符串数组。

（4）toLowerCase() 方法可以将字符串中的所有大写字母转为小写形式。

📖 拓展训练

（1）分析泛型类型参数语法以及传入多个类型参数的格式，考虑应用泛型程序设计场景。

（2）尝试自定义泛型接口以及继承泛型接口并应用。

（3）分析 Java 集合框架体系结构以及相关接口抽象类的关系。

（4）理解集合类型存储结构与程序性能之间的关系，并学会选择适当的集合类型提高程序运行性能。

# 第 13 单元

# 图形界面基础

## 单元导读

控制台应用程序能满足后台服务应用程序的需求，但是普通个人用户使用时交互比较困难，信息展示受到限制。图形界面程序可以展示各种文本、图形、图像等复杂信息，极大丰富了程序的展示效果。本单元练习在图形化的用户界面中绘制图形，利用容器和布局管理器实现组件布局，学习图形用户程序的事件运行机制、事件定义、事件监听以及事件处理方法，完成复杂图形用户交互功能的设计与实现。

## 知识要点

图形用户界面是计算机向用户提供纯字符状态的命令行界面转向可视化界面的重要基础。Java 的图形界面主要由容器、布局管理器、控件、事件等相关类型构成。

### 1. 容器

在 Java 图形界面编程中，容器是一个很重要的概念，所有的容器类型都是 Component 的子类，在容器中添加多个组件，可以让这些组件构成一个整体。运用容器可以简化图形界面的设计，实现考虑整体结构来布置界面，所有的组件以及容器通过 add() 方法加入容器中。Java 中的容器包括 Stage、Scene、Nodes 三种类型。

（1）Stage。Stage 类似于 Swing 应用程序中的 Frame，是所有 JavaFX 对象的容器。PrimaryStage 由平台内部创建，应用程序可以进一步创建其他 Stage 对象，初始 Stage 对象传递给 start 方法。对象只能以分层方式添加，即 Scene 添加到这个 PrimaryStage，而该 Scene 可能包含控件，其中控件可以是用户界面的任何对象，如文本区域、按钮、形状、媒体等。

（2）Scene。Scene 对象中包含 JavaFX 应用程序的所有节点。Javafx.scene.Scene 类提供了处理 Scene 对象的所有方法，为使 Stage 上的内容可视化展示，创建 Scene 对象是必要的。

（3）Nodes。Nodes 位于层次结构的最低级，它可以被看作各种控件的集合。控件可以是按钮、文本框、布局、图像、单选按钮、复选框等。

### 2. 布局管理器

GUI 编程中需要添加多个组件，如何在界面中合理摆放这些组件呢？JavaFX 提供了多种布局管理器供用户选择，主要包括 Pane 绝对布局类、AnchorPane 锚点布局类、BorderPane 边框布局类、StackPane 堆叠布局类、HBox 横向布局类、VBox 竖向布局类、FlowPane 流式布局类、GridPane 网格布局类等。

### 3. 控件

UI 控件是显示给用户以进行交互或信息交换的元素，javafx.scene.control 包为 UI 控件（如 Button、

Label 等）提供了所有必需的类。常用的 UI 控件如表 13-1 所示。

表 13-1　常用 UI 控件

| 控件 | 描　　述 |
| --- | --- |
| Label | Label 是一个组件，用于定义屏幕上的简单文本 |
| Button | 按钮是控制应用程序功能的组件。Button 类用于创建带标签的按钮 |
| RadioButton | 单选按钮用于向用户提供各种选项。用户只能在所有选项中选择一个 |
| CheckBox | 复选框用于从用户那里获取包含各种选择的信息类型。复选框有开启（true）或关闭（false）两种状态 |
| TextField | TextField 用于以文本的形式获取用户的输入 |
| PasswordField | PasswordField 用于获取用户的密码。在密码字段中输入的任何内容都不会在屏幕上显示 |
| HyperLink | 超链接用于通过应用程序引用网页 |
| Slider | 滑块用于以图形形式向用户提供选项窗格，用户需要在该范围内移动滑块以选择其中一个 |
| ProgressBar | 进度条用于向用户显示工作进度 |
| ProgressIndicator | 它不是向用户显示模拟进度，是显示数字进度，以便用户可以知道完成的工作量的百分比 |
| ScrollBar | ScrollBar 用于向用户提供滚动条，以便用户可以向下滚动应用程序页面 |
| Menu | Menu 类可以实现菜单。菜单是任何应用程序的主要组件 |
| ToolTip | ToolTip 用于向用户提供组件的提示信息。它主要用于提示用户输入内容 |

4. 事件

在 JavaFX 应用程序中，事件用来通知应用程序发生了变化。当用户单击一个按钮、按下一个按键、移动鼠标或者执行其他的操作时，系统都会有相应的事件被推送。在应用程序中注册事件过滤器和事件处理器可以接收到事件并处理。JavaFX 支持处理各种事件，javafx.event.Event 类是所有事件的基类。常用事件类型如表 13-2 所示。

表 13-2　常用事件类型

| 事件类型 | 事件名称 | 描　　述 |
| --- | --- | --- |
| 键盘事件 | onKeyPressed | 当节点获得焦点并按下按键时将调用该函数 |
| | onKeyReleased | 当节点获得焦点并释放按键时将调用该函数 |
| | onKeyTyped | 当节点获得焦点并输入时将调用该函数 |
| 鼠标事件 | onMouseClicked | 当在节点上单击鼠标按钮时将调用该函数 |
| | onMouseEntered | 当鼠标进入节点时将调用该函数 |
| | onMouseExited | 当鼠标退出节点时将调用该函数 |
| | onMouseMoved | 当鼠标在节点内移动并且没有按下按钮时将调用该函数 |
| | onMousePressed | 当在节点上按下鼠标按钮时将调用该函数 |
| | onMouseReleased | 当在节点上释放鼠标按钮时将调用该函数 |

## 实验　使用 Java 图形用户容器和控件开发程序

知识目标

了解 GUI 编程的基本原理和常用框架包；理解基础框架中提供的容器关联关系；理解 Java 事件运行原理和机制。

能力目标

能设计基于 Stage、Scene、Nodes 等类型的窗体程序；掌握布局管理器类的应用，可以利用常用控件和布局管理器完成布局；掌握键盘事件的监听和处理方法。

素质目标

养成及时处理问题的好习惯，提高学习效率与工作效率。

图形用户容器和控件的使用

### 验证性实验——多边形组件绘图

运行下面的 Java 绘图代码，图 13-1 为多边形组件绘图程序运行结果。通过该案例掌握 GUI 中绘制图形的方法。

【参考程序 13.1】

```java
import javafx.application.Application;
import javafx.scene.Scene;
import javafx.scene.layout.Pane;
import javafx.scene.paint.Color;
import javafx.scene.shape.Polygon;
import javafx.stage.Stage;
public class PolygonInside extends Application {
    @Override
    public void start(Stage primaryStage) throws Exception {
        Pane root = new Pane();
        // 三角形
        Polygon polygon01 = new Polygon(new double[]{100, 50,10, 140, 300, 150});
        polygon01.setFill(Color.GREEN);
        // 六边形
        Polygon polygon02 = new Polygon(new double[]{35, 15, 60, 30, 60, 60, 35, 75, 10, 60, 10, 30});
        polygon02.setStroke(Color.DODGERBLUE);
        polygon02.setStrokeWidth(3);
        polygon02.setFill(null);
        root.getChildren().addAll(polygon01,polygon02); //

        primaryStage.setTitle(" 多边形 ");// 设置舞台标题
        primaryStage.setScene(new Scene(root, 350, 180));
        primaryStage.show();// 显示主舞台
    }
    public static void main(String[] args) {
        launch(args);
    }
}
```

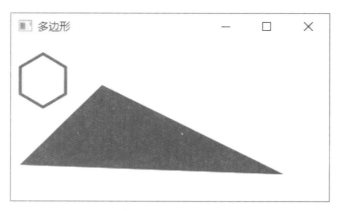

图 13-1  多边形组件绘图程序运行结果

⚠**点拨**

（1）图形绘制包中提供了相关的多边形类，创建多边形类并指定点的坐标确定位置。

（2）多边形类中提供关于颜色填充、绘制多边形的线条颜色等方法。

## 验证性实验——绘制椭圆和圆弧

运行绘制椭圆、圆弧的代码，图 13-2 为椭圆和圆弧绘制程序的运行结果。通过该案例掌握 GUI 中绘制圆、椭圆、圆弧等图形的方法。

【参考程序 13.2】

```
import javafx.application.Application;
import javafx.scene.Scene;
import javafx.scene.layout.Pane;
import javafx.scene.paint.Color;
import javafx.scene.shape.Arc;
import javafx.scene.shape.ArcType;
import javafx.scene.shape.Ellipse;
import javafx.stage.Stage;

public class EllipseArc extends Application {
    @Override
    public void start(Stage primaryStage) throws Exception {
        Pane root = new Pane();
        Ellipse ellipse = new Ellipse(140, 90, 130, 60);
        ellipse.setStrokeWidth(5);
        ellipse.setStroke(Color.YELLOW);
        ellipse.setFill(Color.WHEAT);
        Arc arc = new Arc(200, 300, 180, 180, 130, 50);// 一段弧
        arc.setFill(Color.RED);
        arc.setType(ArcType.ROUND);
        root.getChildren().addAll(ellipse, arc);
        primaryStage.setTitle(" 椭圆弧 ");
        primaryStage.setScene(new Scene(root, 300, 350));
        primaryStage.show();
    }
    public static void main(String[] args) {
```

```
        launch(args);
    }
}
```

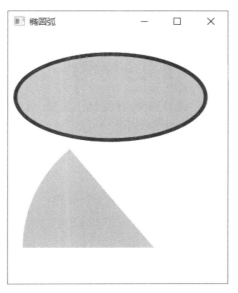

图 13-2　椭圆和圆弧绘制程序的运行结果

⚠点拨

（1）图形绘制包中提供相关的圆、椭圆、弧等绘图类，创建类并给定相关构造函数需要的坐标确定位置和大小。

（2）相关类中还提供了填充颜色、绘制线条颜色的方法。

## 验证性实验——文本绘制

运行下列 Java 文本绘制代码，图 13-3 为文本绘制运行结果。通过该案例掌握 GUI 中绘制文本的方法。

【参考程序 13.3】

```java
import javafx.application.Application;
import javafx.scene.Scene;
import javafx.scene.control.Label;
import javafx.scene.layout.Pane;
import javafx.scene.paint.Color;
import javafx.scene.text.Font;
import javafx.scene.text.FontPosture;
import javafx.scene.text.FontWeight;
import javafx.scene.text.Text;
import javafx.stage.Stage;
public class TextInside extends Application {
    @Override
    public void start(Stage primaryStage) throws Exception {
        Pane root = new Pane();
```

```
        Label label = new Label(" 伟大祖国万岁 ");// 创建一个标签
        Font font = Font.font("Times New Roman", FontWeight.BOLD, FontPosture.ITALIC, 48);
        label.setTextFill(Color.BLUE);// 设置标签文本颜色
        label.setFont(font);// 设置标签文本字体
        Text text01 = new Text("nothing is equal to knowlegment");
        text01.setX(10);
        text01.setY(450);
        text01.setFont(Font.font("Verdana",FontWeight.BOLD,25));
        Text text02=new Text(10,250,"there is no choice but to grow");
        text02.setFont(Font.font("Verdana",FontPosture.ITALIC,30));
        text02.setRotate(-45);// 将节点按逆时针方向旋转 45°
        root.getChildren().addAll(label,text01,text02 );
        primaryStage.setTitle(" 文本绘制 ");
        primaryStage.setScene(new Scene(root, 480, 460));
        primaryStage.show();
    }
    public static void main(String[] args) {
        launch(args);
    }
}
```

图 13-3　文本绘制程序运行结果

⚠点拨

　　图形绘制包中提供了相关的文本类，可以设定文本的坐标、颜色、字体、旋转角度等。

## 设计性实验——五子棋棋盘绘制

　　请编写程序绘制一个五子棋棋盘，图 13-4 为程序运行结果。

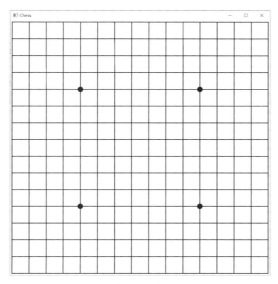

图 13-4　五子棋棋盘绘制程序运行结果

⚠️点拨

（1）通过继承 Pane 类定义绘制棋盘的类。

（2）每条线定义一个 Line 对象，用集合或数组管理这些对象。

（3）将每个黑点定义为一个 Circle 对象。

（4）调用 getChildren() 的 clear() 方法后，利用 getChildren() 的 add() 方法，将 Line 和 Circle 对象添加到 Pane 中。

## 设计性实验——布局管理器应用

请参考图 13-5，使用布局管理器以及 JavaFX 组件完成综合界面设计。

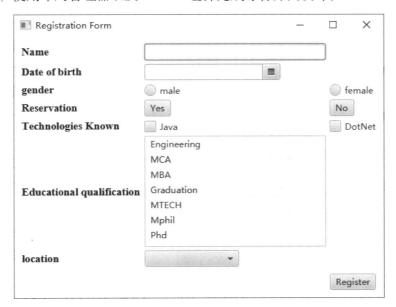

图 13-5　混合控件布局界面

⚠️点拨

（1）日期通过 DatePicker 类实现。

（2）单选按钮通过 ToggleButton 类和 ToggleGroup 类实现。

（3）列表利用 ListView 类，列表内容利用 FXCollections 的 ObservableList 集合初始化。

（4）下拉列表利用 ChoiceBox 类实现。

## 设计性实验——菜单设计

按照图 13-6 所示的界面编写菜单页面，其中文件菜单有多个功能项目。

图 13-6  菜单界面

⚠️点拨

（1）带有图标的菜单可以通过 new MenuItem(" 新建文件 ", imageView) 创建对象。

（2）设置菜单的快捷键调用菜单项目的 setAccelerator(KeyCombination.valueOf("ctrl+n"))。

## 设计性实验——登录界面设计

按照图 13-7 所示的界面编写一个登录界面，要添加对按钮事件的处理功能，密码验证通过后，通过 Alert 弹出登录结果。

图 13-7  登录界面

△点拨

（1）用 Button 对象的 setOnAction 方法绑定按钮单击事件。

（2）用如下代码显示登录结果信息：

　　　Alert alert = new Alert(Alert.AlertType.INFORMATION);

　　　alert.setContentText("log success!"）;

　　　alert.showAndWait();

## 设计性实验——简易计算器界面

编写一个简易计算器程序，界面如图 13-8，实现简单的加、减、乘、除等功能，计算结果最多显示 12 个数字。

图 13-8　简易计算器界面

△点拨

（1）创建 GridPane 布局容器对象，放置 16 个按钮对象。

（2）创建 BorderPane 布局容器对象，放置 GridPane 对象和 TextField 对象。

（3）每一个 Button 对象都绑定相同的 setOnAction 方法，按钮单击就重新计算。

## 设计性实验——文本编辑器

按照如下要求编写一个简单的文本编辑器，界面如图 13-9 所示，功能要求如下：

（1）"文件"菜单包含的功能有新建、打开、保存；

（2）"字体"菜单可以实现如图 13-10 所示的字体设置功能。

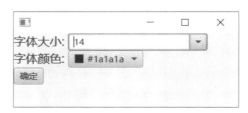

图 13-9　文本编辑器菜单界面　　　　　　图 13-10　字体设置功能界面

**▲点拨**

（1）文本编辑区采用 TextArea 对象；

（2）采用 FileChooser 对象实现对目录和文件的选择操作；

（3）采用 ColorPicker 对象实现颜色配置操作。

**拓展训练**

（1）利用布局管理器的合理嵌套，构建复杂的布局界面，实现自适应窗口大小变化。

（2）理解 Java 系统的事件传递机制，利用事件提升人机交互体验。

（3）采用框架实现复杂的 GUI 界面设计。

（4）基于菜单、文档视图结构、多标签页面等内容设计出具有复杂功能界面的应用程序。

# 第 14 单元
## 图形界面高级应用

### 单元导读

普通图形界面应用程序的展示效果是静态的，无法完成内容的动态展示。动态内容展示方式极大丰富了应用程序显示效果，扩展了应用程序的使用范围，可以应用于动画、游戏、多媒体播放等。本单元练习使用 Java 图形界面高级控件和功能实现复杂人机交互操作。

## 知识要点

### 1. 图像应用

图像展示一般采用 ImageView，ImageView 直接继承自 View 类，它的主要功能是显示图片。实际上它不仅仅可以用来显示图片，任何 Drawable 对象都可以用它来显示。ImageView 可以用到任何布局中，可以实现缩放、着色等操作。

### 2. 动画应用

在 JavaFX 中，可以通过随时间更改节点的属性来动画化节点。JavaFX 提供了 javafx.animation 包，其中包含用于为节点设置动画的类。JavaFX 有三类动画实现方式：Transition、Timeline 和 AnimationTimer。

（1）Transition。该类动画实现方式的说明如表 14-1 所示。

表 14-1 Transition 类说明

| 类名 | 功　　能 |
| --- | --- |
| FadeTransition | 淡入淡出动画，主要影响透明度 |
| FillTransition | 颜色动画，主要影响 Shape 的填充色 |
| ParallelTransition | 并行动画，合并一系列动画执行 |
| PathTransition | 路径动画，指定一系列 Path，节点按指定 Path 运动 |
| PauseTransition | 暂停动画，主要用于在多组动画顺序执行时暂停一段时间 |
| RotateTransition | 旋转动画 |
| ScaleTransition | 缩放动画 |
| SequentialTransition | 顺序执行动画，包含一组动画，按顺序执行 |

| 类名 | 功　　能 |
|---|---|
| StrokeTransition | 画笔的颜色变动，针对 Sbape |
| TranslateTransition | 移动动画，主要影响图形在 X、Y、Z 轴的移动 |

（2）Timeline。时间线动画可以在一条时间线上执行多个动画，通过许多关键帧对象组成一个动画序列，每个关键帧对象按顺序运行。Timeline 是 javafx.animation.Animation 类的子类，它具有标准属性，如循环计数和自动反转。循环计数是播放动画的次数，如果要无限期地播放动画，可以通过设置 Timeline.INDEFINITE 来实现。

（3）AnimationTimer。JavaFX 绘图的每一帧都会自动调用 AnimationTimer，AnimationTimer 是一个抽象类，用来处理与计时器相关的动画效果，实现该类需要重写 handle 函数。

3. 音视频编程

JavaFX 提供了丰富的多媒体 API，可以根据用户的需求播放音频和视频。JavaFX Media API 使用户能够将音频和视频嵌入到应用程序中，提供了包含所有必需类的 javafx.scene.media 包，该包中有以下类：

（1）javafx.scene.media.Media；

（2）javafx.scene.media.MediaPlayer；

（3）javafx.scene.media.MediaStatus；

（4）javafx.scene.media.MediaView。

采用包中提供的相关类，可以设计多媒体应用程序。

## 实验　图形界面高级应用

### 知识目标
了解图形动画的基本工作原理和动画设计常用的方法；了解多种动画效果的实现方法；了解多媒体应用程序的基本工作原理以及媒体播放的常用组件和调用方法。

图形界面高级应用

### 能力目标
掌握图像在程序中的应用，如趣味游戏开发；掌握 Java 中提供的动画效果类的常用方法；掌握 Java 中提供的媒体播放控件的应用方法，编写本地播放器程序。

### 素质目标
在开发应用中养成从用户角度考虑问题的习惯，提高利人意识。

### 验证性实验——拼图游戏

运行 Java 拼图游戏的代码，图 14-1 为拼图游戏运行界面。案例以猴子摘桃的经典故事为背景，将猴子摘桃图切分为拼图游戏的图案。通过学习该案例可以掌握图像在复杂可视化应用程序中的使用方法。

【参考程序 14.1】

```
import javafx.application.Application;
import javafx.event.EventHandler;
import javafx.geometry.Rectangle2D;
import javafx.scene.Scene;
import javafx.scene.control.Alert;
import javafx.scene.control.Alert.AlertType;
import javafx.scene.image.Image;
import javafx.scene.image.ImageView;
import javafx.scene.input.MouseEvent;
import javafx.scene.layout.BorderPane;
import javafx.scene.layout.GridPane;
import javafx.scene.layout.VBox;
import javafx.stage.Stage;
import java.util.Random;
public class PuzzleGame extends Application {
    public int m;//m 是不在随机数组中的那个数字
    ImageView[] imageViews = new ImageView[9];
    public static void main(String[] args) {
        Application.launch(args);
    }
    @Override
    public void start(Stage arg0) throws Exception {
        init(arg0);
    }
    public void init(Stage stage) {
        int[] n = random(); // 自定义的函数，产生逆序数为偶数的不重复数组
        Image image = new Image("qbs2.jpeg");
        GridPane gridPane = new GridPane();
        for(int i = 0, k = 0; i <= 2; ++i) {
            for(int j = 0; j <= 2; ++j, ++k) {
                imageViews[k] = new ImageView(image);            // 初始化数组
                imageViews[k].setOnMouseClicked(new myevent()); // 设置单击事件
                imageViews[k].setViewport(new Rectangle2D(100 * j, 100 * i, 100, 100));
            }
        }
        gridPane.add(imageViews[n[0]], 0, 0);
        gridPane.add(imageViews[n[1]], 1, 0);
        gridPane.add(imageViews[n[2]], 2, 0);
        gridPane.add(imageViews[n[3]], 0, 1);
        gridPane.add(imageViews[n[4]], 1, 1);
        gridPane.add(imageViews[n[5]], 2, 1);
        gridPane.add(imageViews[n[6]], 0, 2);
        gridPane.add(imageViews[n[7]], 1, 2);
        m = findnum(n);            // 找出那个不在随机数组中的数字
        ImageView incomp = new ImageView(imageViews[m].getImage());
        ImageView comp = new ImageView(image);
        incomp.setViewport(imageViews[m].getViewport());
        Image image2 = new Image("blank.png");
        imageViews[m].setImage(image2);
        gridPane.add(imageViews[m], 2, 2);
```

```java
            gridPane.setGridLinesVisible(true);
            BorderPane borderPane = new BorderPane(gridPane);
            VBox right = new VBox(20, incomp, comp);
            borderPane.setRight(right);
            Scene scene = new Scene(borderPane, 650, 420);
            stage.setScene(scene);
            stage.setResizable(false);
            stage.setTitle(" 拼图游戏 ");
            stage.show();
    }
    public int[] random() {          // 生成 8 个不重复的逆序数为偶数的数字
        int[] ran = new int[8];
        while(iso(ran) == false) {
            ran = random_num();
        }
        return ran;
    }
    public int[] random_num() {       // 生成 8 个不重复数
        int r[] = new int[8];
        Random random = new Random();
        for(int i = 0; i < 8; ++i) {
            r[i] = random.nextInt(9);
            for(int j = 0;j < i; ++j) {
                while(r[i] == r[j]) {
                    i--;
                    break;
                }
            }
        }
        return r;
    }
    public boolean iso(int[] num) {        // 判断逆序数是否为偶数
        int sum = 0;
        for(int i = 0; i <= 6; ++i) {
            for(int j = i; j <= 7; j++) {
                if(num[i] > num[j]) {
                    sum++;
                }
            }
        }
        if((sum % 2) == 0 && sum != 0) {
            return true;
        }
        return false;
    }
    class myevent implements EventHandler<MouseEvent> { // 单击事件
            @Override
        public void handle(MouseEvent arg0) {
            ImageView img = (ImageView) arg0.getSource();
            double sx = img.getLayoutX();
            double sy = img.getLayoutY();
```

```
                double dispx = sx - imageViews[m].getLayoutX();
                double dispy = sy - imageViews[m].getLayoutY();
                if((dispx == -100) && (dispy == 0 )) { // 单击的空格左边的格子
                    swapimg(img, imageViews[m]); // 交换 imageView
                    if(issucc(imageViews)) {// 判断是否拼成功
                        Alert alert = new Alert(AlertType.WARNING, " 成功！  ");
                        alert.show();
                    }
                }
                else if ((dispx == 0) && (dispy == -100)) {              // 上面的格子
                    swapimg(img, imageViews[m]);
                    if(issucc(imageViews)) {
                        Alert alert = new Alert(AlertType.WARNING, " 成功！  ");
                        alert.show();
                    }
                }
                else if((dispx == 100) && (dispy == 0)) {              // 右边的格子
                    swapimg(img, imageViews[m]);
                    if(issucc(imageViews)) {
                        Alert alert = new Alert(AlertType.WARNING, " 成功！  ");
                        alert.show();
                    }
                }
                else if((dispx == 0) && (dispy == 100)) {              // 下面的格子
                    swapimg(img, imageViews[m]);
                    if(issucc(imageViews)) {
                        Alert alert = new Alert(AlertType.WARNING, " 成功！  ");
                        alert.show();
                    }
                }
            }
            // 交换两个 ImageView
            public void swapimg(ImageView i1, ImageView i2) {
                int row1 = GridPane.getRowIndex(i1);
                int colu1 = GridPane.getColumnIndex(i1);
                int row2 = GridPane.getRowIndex(i2);
                int colu2 = GridPane.getColumnIndex(i2);
                GridPane.setRowIndex(i1, row2);
                GridPane.setColumnIndex(i1, colu2);
                GridPane.setRowIndex(i2, row1);
                GridPane.setColumnIndex(i2, colu1);
            }
        }
        public boolean issucc(ImageView[] imageViews) {  // 判断是否拼成功
            for(int i = 0; i <= 8; ++i) {
                if(i != 3 * GridPane.getRowIndex(imageViews[i]) + GridPane.getColumnIndex(imageViews[i])) {
                    return false;
                }
            }
            return true;
        }
```

```
public int findnum(int[] n) { // 找出 m
    for(int j = 0; j <= 8; ++j) {
        if((j == n[0]) || (j == n[1]) || (j == n[2]) || (j == n[3]) || (j == n[4]) || (j == n[5]) || (j == n[6]) || (j == n[7])) {
        }
        else {
            return j;
        }
    }
    return -1;
}
```

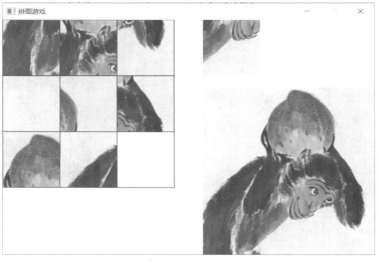

图 14-1    拼图游戏运行界面

⚠️点拨

（1）将大图通过像素块分割成小块，并对小块进行编号，然后随机打乱顺序，得到乱序的图像子块拼图。

（2）移动操作可以基于像素判断当前操作的拼图子块。

## 验证性实验——PathTransition 应用

利用 JavaFX 提供的动画 PathTransition 类实现了如图 14-2 所示的动画演示功能，图中的图形以钟摆的方式左右晃动。

【参考程序 14.2】

```
import javafx.animation.PathTransition;
import javafx.application.Application;
import javafx.scene.Group;
import javafx.scene.Scene;
import javafx.scene.paint.Color;
import javafx.scene.shape.CubicCurveTo;
import javafx.scene.shape.MoveTo;
import javafx.scene.shape.Path;
```

```java
import javafx.scene.shape.Polygon;
import javafx.stage.Stage;
import javafx.util.Duration;

public class Path_Transition extends Application {
    @Override
    public void start(Stage primaryStage) throws Exception {
        Polygon poly = new Polygon();
        poly.getPoints().addAll(new Double[] {320.0,270.0,270.0,220.0,270.0,270.0,320.0,120.0,370.0,270.0,370.0,220.0});

        poly.setFill(Color.BLUE);
        poly.setStroke(Color.BLACK);

        Path path = new Path();
        path.getElements().add (new MoveTo(150f, 70f));
        path.getElements().add (new CubicCurveTo(240f, 230f, 500f, 340f, 600, 50f));
        PathTransition pathTransition = new PathTransition();
        pathTransition.setDuration(Duration.millis(1000));

        pathTransition.setNode(poly);
        pathTransition.setPath(path);
        pathTransition.setOrientation(
        PathTransition.OrientationType.ORTHOGONAL_TO_TANGENT);
        pathTransition.setCycleCount(10);
        pathTransition.setAutoReverse(true);

        pathTransition.play();

        Group root = new Group();
        root.getChildren().addAll(poly);
        Scene scene = new Scene(root,700,350,Color.WHITE);
        primaryStage.setScene(scene);
        primaryStage.setTitle("PathTransition");
        primaryStage.show();
    }
    public static void main(String[] args) {
        launch(args);
    }
}
```

|（a）|（b）|

图 14-2　钟摆动画演示效果

⚠️点拨

（1）采用 Polygon 绘制图形。

Polygon poly = new Polygon();

poly.getPoints().addAll(new Double[] {320,270,270,220,270,270,320,120,370,270,370,220});

（2）利用 Path 定义路径。

Path path = new Path();

path.getElements().add(new MoveTo(150f, 70f));

path.getElements().add(new CubicCurveTo(240f, 230f, 500f, 340f, 600, 50f ));

## 验证性实验——RotateTransition 应用

利用 JavaFX 提供的动画 RotateTransition 类实现了如图 14-3 所示的六边形旋转动画。

【参考程序 14.3】

```java
import javafx.animation.RotateTransition;
import javafx.application.Application;
import javafx.scene.Group;
import javafx.scene.Scene;
import javafx.scene.paint.Color;
import javafx.scene.shape.Polygon;
import javafx.stage.Stage;
import javafx.util.Duration;

public class RotateTransitionExample extends Application {
    @Override
    public void start(Stage stage) {
        Polygon hexagon = new Polygon();
        hexagon.getPoints().addAll(new Double[]{
        200.0, 50.0, 400.0, 50.0, 450.0, 150.0, 400.0, 250.0, 200.0, 250.0,150.0, 150.0 });
        hexagon.setFill(Color.BLUE);
        RotateTransition rotateTransition = new RotateTransition();
        rotateTransition.setDuration(Duration.millis(2000));
        rotateTransition.setNode(hexagon);
        rotateTransition.setByAngle(360);
        rotateTransition.setCycleCount(50);
        rotateTransition.setAutoReverse(false);
        rotateTransition.play();
        Group root = new Group(hexagon);
        Scene scene = new Scene(root, 600, 400);
        stage.setTitle("Rotate transition example");

        stage.setScene(scene);
        stage.show();
    }
    public static void main(String args[]){
        launch(args);
    }
}
```

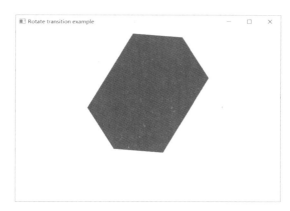

图 14-3　旋转的六边形

⚠点拨

（1）利用 Polygon 绘制六边形。

（2）利用 RotateTransition 对象的 setDuration、setNode、setByAngle、setCycleCount、play 等方法完成相关的设置，实现自动旋转功能。

## 设计性实验——时钟设计

根据给定动画效果的描述，设计并实现动画效果。请采用 Circle、Line、Text 等组件完成时钟界面设计，分别设置各组件的属性，参考效果如图 14-4 所示。其中圆为黑色，小时数值为暗红色，时针为黑色，分针为绿色，秒针为红色。

图 14-4　时钟运行效果

⚠点拨

（1）利用派生 Pane 定义绘制时钟的子类，并在类中绘制相关的直线、圆、字符等。

（2）利用 Timeline 创建无限循环对象，定时 1 秒刷新一次 Pane 的信息，重新绘制。

## 设计性实验——ScaleTransition 应用

请采用 JavaFX 提供的动画 ScaleTransition 类实现如图 14-5 所示的圆形反复由小逐步变大的动画效果。

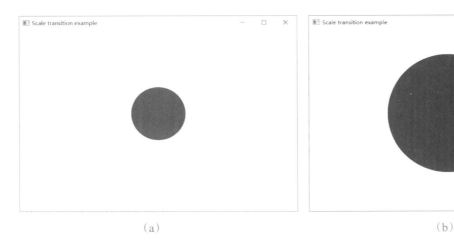

（a）　　　　　　　　　　　　　　　（b）

图 14-5　圆形反复由小逐步变大的动画效果

⚠点拨

（1）采用 Circle 绘制圆。

（2）利用 ScaleTransition 对象的 setDuration、setNode、setByY、setByX、play 等方法完成相关的设置，实现圆形自动反复由小变大的动画播放功能。

## 设计性实验——贪吃蛇游戏

请利用 JavaFX 设计一个如图 14-6 所示的贪吃蛇游戏。游戏通过键盘的"W""A""S""D"键控制贪吃蛇的移动方向，贪吃蛇碰到边界后，游戏结束。食物颜色随机自动产生。

图 14-6　贪吃蛇游戏界面

⚠点拨

（1）定义一个类型 A，在该类中利用 Canvas 和 GraphicsContext 设置矩形画布，用于绘制贪吃蛇和食物的正方形小格。

（2）定义一个列表集合，用于放置正方形小格 A 对象。程序初始化时，随机创建几个初始对象并为贪吃蛇初始化长度，然后随机产生一个食物格子 A 对象，当贪吃蛇碰到该食物时将该对象加入列表集合，并随机再产生一个新的 A 对象。

### 设计性实验——MediaPlayer 媒体播放

请利用 MediaPlayer 等高级组件开发一个简易的视频播放器，效果如图 14-7 所示，功能包括暂停、后退以及音量控制。

图 14-7　简易视频播放器

⚠ 点拨

（1）采用 Media 加载播放视频文件，加载本地文件时使用的代码如下所示。

File file = new File("src\\190319222227698228.mp4");

Media media = new Media(""+file.toURI());

加载网络文件时使用的代码如下所示。

Media media = new Media(MEDIA_URL);

（2）MediaPlayer 组件用于播放 Media 对象，MediaView 用于显示视频播放内容。

### 拓展训练

（1）利用图像组件编写简单的图像处理工具。

（2）基于第三方控件库实现复杂动画以及 3D 动画编程。

（3）结合网络技术，利用 JavaFX 组件模拟实现音视频网络播放器。

# 第 15 单元

## 数据库编程

单元导读

数据库在金融、工业、电信、互联网等各个方面起着举足轻重的作用，中国的数据库研发迫在眉睫。《"十四五"软件和信息技术服务业发展规划》明确提出我国"十四五"时期要加快实施国家软件发展战略，不断提升软件产业创新活力，特别是在数据库系统等基础软件上要聚力攻坚。近年来，国产数据库产品快速发展，技术水平持续升级，在重点行业已实现规模化应用，并逐步得到市场认可，展现出巨大发展潜力。在国产数据库厂商中，达梦数据库、人大金仓、南大通用、神舟通用等是国内的典型企业，华为、阿里巴巴、腾讯等公司也纷纷推出优秀的数据库产品。

本单元练习使用 JDBC（Java 数据库互连）完成加载驱动程序、连接数据库、执行语句、处理结果集等基本数据库操作，通过本单元的学习，读者能够使用预备语句执行预编译的 SQL 语句，同时能够基于 JavaFX 或 Swing 实现图形界面数据库操作。

## 知识要点

### 1. 简单 SQL 语句

SQL（结构查询语言）是访问关系数据库系统的通用语言。应用程序不允许用户直接访问数据库，但是应用程序一般会使用 SQL 来访问数据库。常用的 SQL 语句包括查询、插入、更新和删除 4 种语句。

（1）查询语句。从表中查询信息时使用 select 语句，其基本语法格式：

```
select 列名 from 表名 [where 条件 ];
```

列名为 select 子句所选定的列，[] 表示可选项，可选的 where 子句用来指明选择条件。例如，从课程表 course 中查询所有信息的 SQL 语句：

```
select * from course;
```

从课程表 course 中查询成绩大于 80 分的所有记录中的学号和姓名的 SQL 语句：

```
select id, name from course where score>80;
```

（2）插入语句。向表中插入一条记录的一般语法：

```
insert into 表名 [ （列名 1, 列名 2, …, 列名 n) ] values( 数值 1, 数值 2, …, 数值 n);
```

例如，向 course 表中插入一条记录，其值分别为 01、liming、92，SQL 语句如下所示：

insert into course values('01', 'liming', 92);

（3）更新语句。更新语句的一般语法：

update 表名 set 列名 1= 数值 1[, 列名 2= 数值 2, …, 列名 n= 数值 n] [where 条件 ] ;

例如，在 course 表中更新一条记录，使 id 值为 01 的记录的分数改为 95 的 SQL 语句：

update course set score=95 where id='01' ;

（4）删除语句。删除语句的一般语法：

delete from 表名 [where 条件 ] ;

例如，从 course 表中删除一条记录，删除 id 值为 02 的记录的 SQL 语句：

delete from course where id='02' ;

### 2. JDBC 驱动程序连接 API

JDBC 是由 Sun 公司提供的 API 应用程序接口，它为 Java 应用程序提供了一系列的类，使其能够快速高效地访问数据库，其功能是由一系列的类和对象来完成的，用户只需使用相关的对象，即可完成对数据库的操作。JDBC 常用的 API 接口与说明如表 15-1 所示。

表 15-1　JDBC 常用的 API 接口与说明

| 接口 | 说　　明 |
| --- | --- |
| Connection | 连接对象，用于实现与数据库的连接 |
| Driver | 用于创建连接（Connection）对象 |
| DriverManager | 驱动程序管理类，用于加载驱动程序，并建立与数据库的连接 |
| Statement | 语句对象，用于执行 SQL 语句，并将数据封装到结果集（ResultSet）对象中 |
| PreparedStatement | 预编译语句对象，用于执行预编译的 SQL 语句，执行效率比 Statement 高 |
| CallableStatement | 存储过程语句对象，用于调用执行存储过程 |
| ResultSet | 结果集对象，包含执行 SQL 语句后返回的数据的集合 |
| SQLException | 数据库异常类，是其他 JDBC 异常类的根类，继承于 java.lang.Exception，大部分数据库操作方法都有可能抛出该异常 |
| Date | 该类中包含将 SQL 日期格式转换成 Java 日期格式的方法 |
| Timestamp | 表示一个时间戳，能精确到纳秒 |

### 3. JDBC 程序访问数据库步骤

JDBC 程序访问数据库需要加载驱动程序、建立连接、创建语句，如图 15-1 所示。

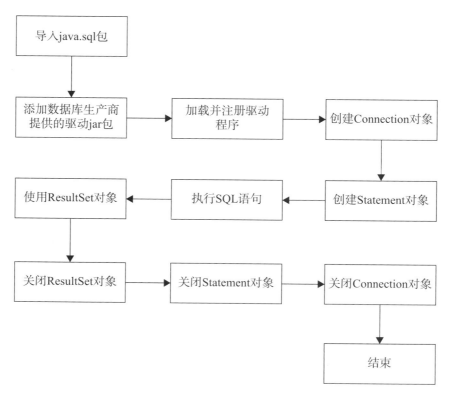

图 15-1　JDBC 程序访问数据库步骤

（1）添加数据库生产商提供的驱动 jar 包。建好 Java 工程后，首先在工程中加载驱动 jar 包，以 MySQL 8 为例，加载的驱动 jar 包的界面如图 15-2 所示。

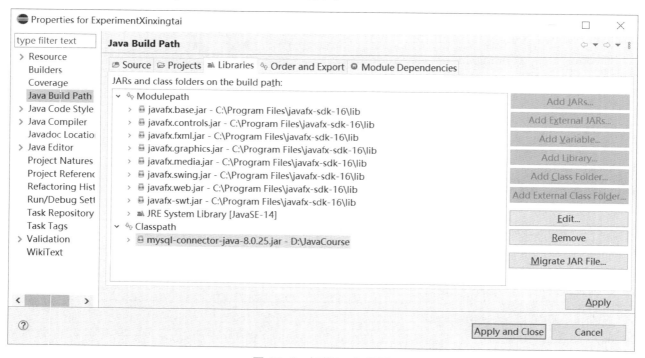

图 15-2　加载 jar 包界面

（2）加载并注册驱动程序。使用 Class 类的 forName 方法可以将驱动程序类加载到 JVM（Java 虚拟机）。例如加载 MySQL 驱动程序的方法如下：

```
Class.forName("com.mysql.jdbc.Driver");
```

加载 MySQL 6 及以上版本的驱动程序的方法如下：

```
Class.forName("com.mysql.cj.jdbc.Driver");
```

将 由 className 指 定 完 整 名 称 的 类 加 载 到 JVM 中，如 果 加 载 失 败，将 抛 出 ClassNotFoundException 异常，必须捕捉。

（3）创建 Connection 对象。成功加载驱动后，须用 DriverManager 类的静态方法 getConnection 来获得连接对象。

连接字符串应按照该格式拼接：jdbc:mysql:// 服务器名或 IP:3306/ 数据库名，如：

```
Connection con = DriverManager.getConnection("jdbc:mysql://127.0.0.1:3306/studentdb", "root", "root");
```

其中 studentdb 为数据库名，用户名和密码均为 root。

（4）创建 Statement 对象。一旦连接数据库成功，获得 Connection 对象后，必须通过 Connection 对象的 createStatement 方法来创建语句对象，才可以执行 SQL 语句，如：

```
Statement st = conn.createStatement();
```

（5）执行 SQL 语句。执行 delete、update 和 insert 之类的数据库操作语句时没有数据结果返回，直接使用 Statement 对象的 executeUpdate 方法执行，如：

```
st.executeUpdate("insert into course values('id', '102', 98)");
```

执行 select 数据查询语句将从数据库中获得所需数据，使用 Statement 对象的 executeQuery 方法执行，如：

```
ResultSet rs = st.executeQuery("select * from course ");
```

（6）使用 ResultSet 对象。使用 Statement 对象的 executeQuery 方法成功执行 select 语句后，将返回一个包含结果数据的 ResultSet 对象，要从该对象中获取数据，将使用到如下两种方法：

```
X getX(String columnName);
```

或

```
X getX(int columnIndex);
```

这两种方法可以获得某个字段的值，X 指具体的数据类型，根据数据库表中字段的具体情况而定，其中一种以字段名称为参数，另一种以字段索引为参数（字段索引从 1 开始）。

```
ResultSet rs = stm.executeQuery(strSql);
while (rs.next()) {    // 循环将结果集游标往下移动，到达末尾返回 false，并根据字段名称获得各个字段的值
    System.out.print(rs.getString("id")+ "\t");    // 获得字符串
    System.out.print(rs.getInt("num")+ "\t");    // 获得整数
    System.out.print(rs.getDate("myDate")+ "\t");    // 获得日期型数据
    System.out.println(rs.getFloat("score"));    // 获得浮点型数据
}
```

（7）关闭资源。当对数据库的操作结束后，应当将所有已经被打开的资源关闭，否则将会造成资源泄漏。Connection 对象、Statement 对象和 ResultSet 对象都有执行关闭的 close 方法，其函数原型都是 void close() throws SQLException。

```
rs.close();    // 关闭 ResultSet 对象
st.close();    // 关闭 Statement 对象
con.close();   // 关闭 Connection 对象
```

⚠️注意
（1）有可能抛出 SQLException 异常的语句必须捕捉或向上抛出。
（2）请注意关闭的顺序，最后打开的资源最先关闭，最先打开的资源最后关闭。

#### 4. 预编译语句对象 PreparedStatement

预编译语句对象 PreparedStatement 是由 Statement 接口扩展而来的，用于执行含有或不含参数的预编译的 SQL 语句。PreparedStatement 对象会将 SQL 语句预先编译，这样将会获得比 Statement 对象更高的执行效率。

包含在 PreparedStatement 对象中的 SQL 语句可以带有一个或多个参数，在 SQL 语句中使用 "?" 作为占位符，如：

```
PreparedStatement ps = con.prepareStatement("UPDATE Friends SET Address = ? WHERE Name = ?");
```

在执行 SQL 语句之前，必须使用 PreparedStatement 对象中的方法设置每个 "?" 的参数值，如：

```
ps.setString(1, " 长沙 ");
ps.setString(2, " 王五 ");
```

设置好每个参数值后，就可以使用 PreparedStatement 对象的 executeUpdate 和 executeQuery 方法来执行 SQL 语句，这一点和 Statement 对象一致。

#### 5. 图形界面数据库操作

在 13、14 单元的内容中，已经完成了实现 GUI 图形界面的操作。本单元将在此基础上，将图形界面操作与 JDBC 技术结合，实现一个 MySQL 数据库管理系统。在掌握图形界面与 JDBC 技术的基础上，实现图形界面与 JDBC 技术的结合就比较简单。图 15-3 是基于 JavaFX 技术实现的简单图形界面，单击 "显示数据" 按钮可以从 MySQL 数据库中检索数据，如图 15-4 所示。

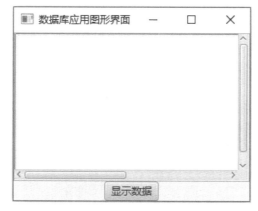

图 15-3　简单图形界面

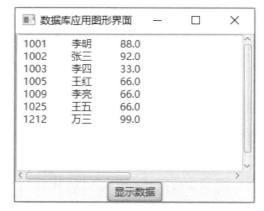

图 15-4　显示数据

## 实验 1　数据库基本操作

数据库基本
操作

知识目标

掌握建立数据库连接的方法，掌握基于 JDBC 的数据库信息查询、插入、更新、删除操作；掌握预编译语句的用法，尤其是带参数的预编译语句的实现方法。

能力目标

能够运用 JDBC 接口连接各种常用的数据库，能够使用 SQL 语句实现对数据的增、删、查、改等操作。

素质目标

培养勇于创新的素质，养成严谨的工作作风。

### 验证性实验——简单的数据库查询应用

使用 Navicat 与 MySQL 建立连接，用户名和密码均为 root。创建数据库 studb，创建表 course，按顺序输出 course 表中的所有信息。

【参考程序 15.1】

```java
import java.sql.*;
public class SimpleDB {
    public static void main(String[] args) {
        String url = "jdbc:mysql://localhost:3306/studb";
        String dbName = "root";
        String password = "root";
        ResultSet rs;
        try {
            // 加载驱动程序
            Class.forName("com.mysql.cj.jdbc.Driver");
            // 建立连接对象
            Connection conn = DriverManager.getConnection(url,dbName,password);
            // 创建语句对象
            Statement stm = conn.createStatement();
            // 执行 SQL 语句
            String strsql = "select * from course";
            rs= stm.executeQuery(strsql);
            // 使用 ResultSet 对象
            while(rs.next()) {
                String r1 = rs.getString(1);
                String r2 = rs.getString(2);
                double r3 = rs.getDouble(3);
                System.out.println(r1+"\t"+r2+"\t"+r3);
            }
            // 关闭资源
            rs.close();
            stm.close();
            conn.close();
        } catch (ClassNotFoundException e) {
            e.printStackTrace();
        }catch (SQLException e) {
```

```
                e.printStackTrace();
            }
        }
    }
```

程序运行结果如图 15-5 所示。

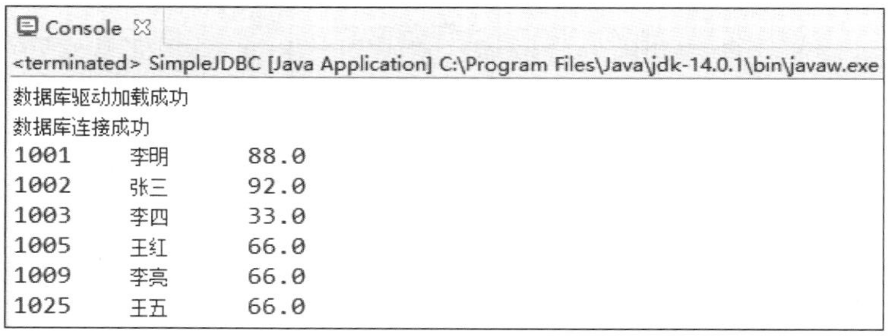

```
🖥 Console ⌗
<terminated> SimpleJDBC [Java Application] C:\Program Files\Java\jdk-14.0.1\bin\javaw.exe
数据库驱动加载成功
数据库连接成功
1001        李明        88.0
1002        张三        92.0
1003        李四        33.0
1005        王红        66.0
1009        李亮        66.0
1025        王五        66.0
```

图 15-5　简单的数据库查询程序的运行结果

**⚠点拨**

（1）数据库连接和执行的顺序：①准备 MySQL 驱动 jar 包；②加载驱动程序；③建立连接对象；④创建语句对象；⑤执行 SQL 语句；⑥使用 ResultSet 对象；⑦关闭资源。

（2）Class 的 forName 方法可以将驱动指定的类加载到 JVM 中，如果加载失败，将抛出 ClassNotFoundException 异常，实现时可以采用如下方法：

```
try {
    Class.forName("com.mysql.cj.jdbc.Driver");
} catch(ClassNotFoundException e) {
    e.printStackTrace();
}
```

（3）由 Connection、Statement、ResultSet 创建的对象需要捕获 SQLException 异常，用法如下：

```
try {
    ……
}catch(SQLException e) {
    e.printStackTrace();
}
```

## 验证性实验——独立方法的数据库连接

使用 Navicat 与 MySQL 建立连接，用户名和密码均为 root。创建数据库 studb，创建表 examination，设计连接数据库的 getconn() 方法和关闭资源的 close() 方法，按顺序输出 examination 表中的所有信息。

【参考程序 15.2】

```
import java.sql.*;
public class DBMethod {
    static String url = "jdbc:mysql://localhost:3306/studb";
```

```
static String dbName = "root";
static String password = "root";
static Connection conn = null;
static ResultSet rs = null;
static Statement stm = null;
public static void main(String[] args) {
    try {
        _____ ;// 调用方法，建立数据库连接
        String strsql = "select * from examination";
        stm = conn.createStatement();
        rs= stm.executeQuery(strsql);
        while(rs.next()) {
            String id = rs.getString(1);
            String name = rs.getString(2);
            double javaP = rs.getDouble(3);
            double math = rs.getDouble(4);
            System.out.println(id+"\t"+name+"\t"+javaP +"\t"+math);
        }
    }catch (Exception e) {
        e.printStackTrace();
    }finally {
                ; // 调用方法，关闭资源
    }
}
public static void getconn() {
    try {
        Class.forName("com.mysql.cj.jdbc.Driver");
        conn = DriverManager.getConnection(url,dbName,password);
    }catch(Exception e) {
        e.printStackTrace();
    }
}
public static void close() {
    try {
        rs.close();
        stm.close();
        conn.close();
    } catch (SQLException e) {
        e.printStackTrace();
    }
}
}
```

程序运行结果如图 15-6 所示。

```
Console ⌗
<terminated> DBMethod [Java Application] C:\Program Files\Java\jdk-14.0.1\bin\javaw.exe
101      李明      99.0      85.5
102      王文      69.0      92.0
103      张亮      85.5      89.0
```

图 15-6　独立方法的数据库连接程序的运行结果

**⚠.点拨**

（1）创建一个方法头为 static void getconn() 的数据库连接方法，方法体包括加载驱动程序、建立连接对象等语句。以后每次建立数据库连接时，只需调用 getconn() 方法即可。

（2）Connection、ResultSet、Statement 等对象需要在多个方法中调用，应该声明为 static 类型的全局变量，如下所示。

static Connection conn = null;

static ResultSet rs = null;

static Statement stm = null;

（3）在自定义方法中使用 Connection、ResultSet、Statement 等对象时，也需要捕获异常。

## 设计性实验——使用预编译语句连接数据库

利用 Navicat 与 MySQL 建立连接，用户名和密码均为 root。创建数据库 studb，创建表 course。按 id、姓名和成绩三个值输入一组数据，中间用空格分开，将该组数据插入数据库，如图 15-7 所示。

```
🖵 Console ⊠
<terminated> PreparementDB (1) [Java Application] C:\Program Files\Java\jdk-14.0.1\bin\javaw.exe
新插入一条记录，请输入学号、姓名和成绩：
1009 马六 88.5
1001      李明      88.0
1002      张三      92.0
1003      李四      33.0
1005      王红      66.0
1009      马六      88.5
```

图 15-7　使用预编译语句连接数据库程序的运行结果

**⚠.点拨**

预编译语句声明方法如下：

PreparedStatement ps = null;

String strsql_2 = "insert into course values(?,?,?)";

stm = conn.createStatement();

ps = conn.prepareStatement(strsql_2);

其中" insert into course values(?,?,?)"语句中的"?"表示占位符。在 PreparedStatement 对象中的 SQL 语句可以带有一个或多个"?"，在执行 SQL 语句之前，必须使用 PreparedStatement 对象中的方法设置每个占位符的参数值，设置时可以采用如下语句：

String id = in.next();

String name = in.next();

double score = in.nextDouble();

ps.setString(1, id);

ps.setString(2, name);

ps.setDouble(3, score);

ps.executeUpdate();

### 设计性实验——分数查询

在数据库 mytest 和数据表 student 的基础上输入分数实现查询该分数的全部学生名单，并使用 PreparedStatement 来实现数据库表格的查询操作。分数查询程序的运行结果如图 15-8 所示。

```
Console
<terminated> PreparementSearch [Java Application] C:\Program Files\Java\jdk-14.0.1\bin\javaw.exe
数据库驱动加载成功
创建连接成功
请输入分数：
66
1005        王红                66.0
1009        李亮                66.0
1025        王五                66.0
```

图 15-8　分数查询程序的运行结果

⚠️**点拨**

预编译语句的查询方法也是 executeQuery()，在执行查询语句之前应先设置查询 SQL 语句的占位符，参考代码如下：

String sql = "select id,name,score from student where score = ?";

System.out.println(" 请输入分数： ");

Scanner input = new Scanner(System.in);

double scores = input.nextDouble();

pstm = conn.prepareStatement(sql);

pstm.setDouble(1, scores);

rs = pstm.executeQuery();

### 设计性实验——修改数据表记录

设计一个修改数据表记录的程序。创建表 goods，表的字段类型如图 15-9 所示。输入待修改记录的 id，再输入需要修改的字段，即可实现数据表的修改。程序运行结果如图 15-10 所示。

| 名 | 类型 | 长度 | 小数点 | 允许空值( |  |
|---|---|---|---|---|---|
| ▶ id | varchar | 255 | 0 | ☐ | 🔑1 |
| name | varchar | 255 | 0 | ☑ | |
| address | varchar | 255 | 0 | ☑ | |
| price | double | 8 | 1 | ☑ | |
| country | varchar | 255 | 0 | ☑ | |

图 15-9　goods 表的字段类型

```
Console
<terminated> UpdateApplication [Java Application] C:\Program Files\Java\jdk-14.0.1\bin\javaw.exe
请输入修改记录的id号：
101
请输入新的地址和价格：
里约热内卢 28
更新成功
101        山竹        里约热内卢  28.0        巴西
```

图 15-10　修改数据表记录程序的运行结果

⚠️点拨

update 语句的语法格式如下：

update 表名 set 列名 1 = 值 1[, 列名 2 = 值 2，…, 列名 n = 值 n] [where 条件 ];

update 语句的功能是修改表中满足 where 条件的记录的字段。其中 set 关键字后面的值用于替换相应的字段的值，如果省略 where 子句，则会修改所有记录。

例如修改一条记录的值，将学号为 1001 的学生年龄改成 20 岁的 SQL 语句如下：

update student set age=20 where no=1001;

本实验的 SQL 语句可以按照如下方法设计：

String s = "update goods set adress=?,price=? where id = ?";

调用数据库连接对象 conn 的方法 PreparedStatement 获取 s 语句的预编译对象。

pst = conn.prepareStatement(s);

然后再调用 pst 的 setX 方法设置 "?" 占位符，最后调用 executeUpdate() 方法实现更新操作，参考代码如下：

System.out.println(" 请输入修改记录的 id 号：");

String no = input.next();

System.out.println(" 请输入新的地址和价格：");

String address = input.next();

double price = input.nextDouble();

pst.setString(1, address);

pst.setDouble(2, price);

pst.setString(3, no);

pst.executeUpdate();

System.out.println(" 更新成功 ");

## 设计性实验——简单的货物销售系统

现在需要设计一个货物销售系统，先创建表 goods，编写程序实现以下功能：

（1）可以根据不同的选项实现不同的操作，其中 "0" 表示退出系统，"1" 表示插入一条记录，"2" 表示删除一条记录，"3" 表示更新一条记录，"4" 表示显示全部记录；

（2）每次操作后输出结果，并再次提示用户输入。

程序运行结果如图 15-11、图 15-12 所示。

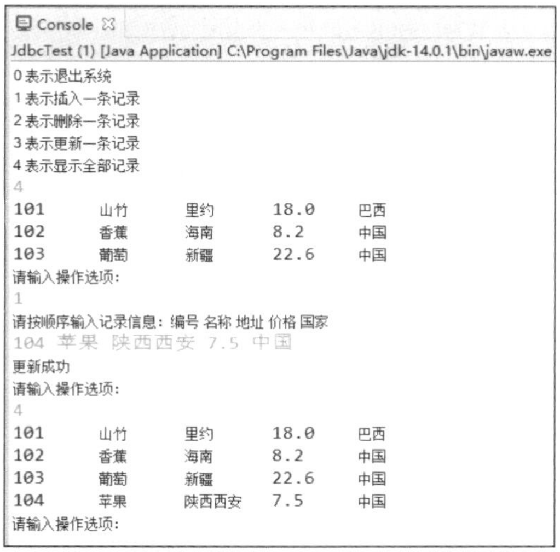

图 15-11　货物销售系统程序的运行结果 1

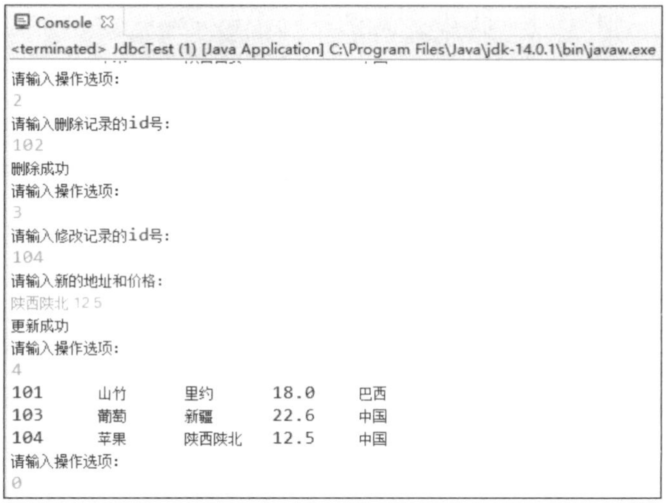

图 15-12　货物销售系统程序的运行结果 2

**点拨**

可以设计一条 switch 语句，每个 case 项设计一个独立的方法实现不同的操作，参考代码如下：

```
int x;
while((x = input.nextInt())!=0) {
    switch(x) {
        case 1:
            addrow();break;
        case 2:
            deleterow();break;
        ......
    }
    System.out.println(" 请输入操作选项： ");
}
```

每个方法实现一个独立的功能，以 addrow() 方法为例，参考代码如下：

```
public static void addrow() {
    String s = "insert into goods values(?,?,?,?,?)";
    // 调用连接对象 conn 的方法 PreparedStatement 获取 s 语句的预编译对象
    try {
        pst = conn.prepareStatement(s);
        System.out.println(" 请按顺序输入：编号 名称 地址 价格 国家 ");
        String no = input.next();
        String name = input.next();
        ......
        pst.setString(1, no);
        pst.setString(2, name);
        ......
```

```
                    pst.executeUpdate();
                    System.out.println(" 更新成功 ");
            } catch(SQLException se){
                se.printStackTrace();
            }
    }
}
```

🔖 拓展训练

（1）在没有获得输出结果集之前能否关闭数据库连接？为什么？

（2）JDBC 访问数据库用到的接口和类有哪些？

（3）Statement 和 PreparedStatement 接口有什么区别？

# 实验 2　图形界面数据库操作

图形界面数据库操作

知识目标

掌握图形界面下数据库操作的实现方法；掌握表视图用法，能够用表格展示数据。

能力目标

能够开发带有图形界面的信息管理系统，实现数据的高效管理。

素质目标

勇于担当责任，传承中华民族精神。

## 验证性实验——简单图形界面数据库应用

编写一个简单的图形界面数据库应用程序，在窗体中放置一个 TextArea 组件和一个按钮，单击"查询数据"按钮时，从数据库 studb 的 course 中查询所有记录，并按行显示在 TextArea 组件中。

【参考程序 15.3】

```
import java.sql.*;
import javafx.application.Application;
import javafx.geometry.*;
import javafx.stage.Stage;
import javafx.scene.Scene;
import javafx.scene.control.*;
import javafx.scene.layout.*;

public class SimpleGUIdb extends Application {
    String url = "jdbc:mysql://localhost:3306/studb";
    String dbName = "root";
    String password = "root";
    Connection conn = null;
    ResultSet rs = null;
    Statement stm = null;
    private TextArea taDescription = new TextArea();
    public void start(Stage primaryStage) {
```

```java
        BorderPane bp = new BorderPane();
        taDescription.setWrapText(true);
        taDescription.setEditable(false);
        ScrollPane scrollPane = new ScrollPane(taDescription);
        bp.setCenter(scrollPane);
        HBox paneForButtons = new HBox(20);
        Button btOk = new Button(" 查询数据 ");
        paneForButtons.getChildren().addAll(btOk);
        paneForButtons.setAlignment(Pos.CENTER);
        bp.setBottom(paneForButtons);
        btOk.setOnAction(e -> {
            getRecord();
        });
        Scene scene = new Scene(bp, 450, 200);
        primaryStage.setTitle(" 简单数据库应用图形界面 ");
        primaryStage.setScene(scene);
        primaryStage.show();
    }
    public void getRecord() {
        try {
            getconn();
            String strsql = "select * from course";
            rs= stm.executeQuery(strsql);
            String result = "";
            while(rs.next()) {
                String r1 = rs.getString(1);
                String r2 = rs.getString(2);
                double r3 = rs.getDouble(3);
                result += r1+"\t\t"+r2+"\t\t"+r3+"\t\n";
            }
            taDescription.appendText(result);
        }catch (Exception e) {
            e.printStackTrace();
        }finally {
            close() ;
        }
    }
    public  void getconn() {
......
    }
    public  void close() {
......
    }
    public static void main(String[] args) {
        launch(args);
    }
}
```

程序运行结果如图 15-13 所示。

图 15-13　简单图形界面数据库程序的运行结果

⚠点拨

（1）基于 JavaFX 技术实现图形界面应用时需要在工程的"属性\Java 构建路径\库"选项卡下加载 JavaFX 的 lib 文件，同时让主程序继承 Application 类。

（2）在 start() 方法中添加文本区和按钮，并给按钮 btOk 注册监听事件，注册方法如下：

btOk.setOnAction(e -> {
　　getRecord();
});

（3）在 getRecord() 方法中实现数据库连接和记录集的数据获取。

（4）遍历记录集中的数据，每条数据都连接到一个字符串中，最后把数据显示到文本区 taDescription 中，显示方法如下：

taDescription.appendText(result);

## 验证性实验——简单的登录和注册界面

设计一个档案管理系统登录界面，让用户能够使用用户名和密码进行登录，并且可以进行注册。要求将用户信息存储在数据库 rsdaglxt 的 user 表中。系统登录界面如图 15-14 所示，用户注册界面如图 15-15 所示。用户注册成功后程序会提示"注册成功！"，如图 15-16 所示。输入正确的用户名和密码后，系统登录成功的界面如图 15-17 所示。

图 15-14　档案管理系统登录界面

图 15-15　用户注册界面

图 15-16　用户注册成功界面

图 15-17　系统登录成功界面

【参考程序 15.4】

```java
package unit17.GUI;
import java.sql.*;
import javafx.application.Application;
import javafx.event.*;
import javafx.geometry.*;
import javafx.scene.*;
import javafx.scene.control.*;
import javafx.scene.layout.*;
import javafx.scene.text.Text;
import javafx.stage.Stage;

public class ArchivesLogin extends Application{
    String url = "jdbc:mysql://localhost:3306/rsdaglxt";
    String dbName = "root";
    String password = "root";
    Connection conn = null;
    ResultSet rs = null;
    PreparedStatement pstm = null;
    boolean b;
    TextField t = new TextField();
    PasswordField  n = new PasswordField();
    int result;
    public BorderPane getPane(){
        GridPane pane = new GridPane();
        pane.setAlignment(Pos.CENTER);
        pane.setPadding(new Insets(11,12,13,14));
        pane.setHgap(5);
        pane.setVgap(5);
        pane.add(new Label(" 用户名 "),0,0);
        pane.add(t,1,0);
        pane.add(new Label(" 密码 "),0,1);
        pane.add(n,1,1);
        HBox paneForButtons = new HBox(20);
        Button bt1 = new Button(" 登录 ");
        Button bt2 = new Button(" 注册 ");
        paneForButtons.getChildren().addAll(bt1,bt2);
        paneForButtons.setAlignment(Pos.CENTER);
        bt1.setOnAction(e -> {
            getLogin();
        });
```

```
            bt2.setOnAction(e -> {
                getRegister();
            });
            BorderPane panet = new BorderPane();
            panet.setBottom(paneForButtons);
            panet.setCenter(pane);
            return panet;
        }
    public void start_1(Stage stage,Pane p,int l,int w){
        Scene scene = new Scene(p,l,w);
        stage.setTitle(" 用户注册 ");
        stage.setScene(scene);
        stage.show();
    }
    public void start(Stage primaryStage) {
        Scene scene = new Scene(getPane(),300,150);
        primaryStage.setTitle(" 档案管理系统登录 ");
        primaryStage.setScene(scene);
        primaryStage.show();
    }
    public void getLogin() {
        try {
            getconn();
            String sql = "select * from users where username=? and passwords=?";
            pstm = conn.prepareStatement(sql);
            String usernamer = t.getText();
            String passwordr = n.getText();
            pstm.setObject(1, usernamer);
            pstm.setObject(2, passwordr);
            rs = pstm.executeQuery();
            b = rs.next();
        } catch (SQLException e) {
            e.printStackTrace();
        } finally {
            close();
        }
        if (b) {
            Alert alert = new Alert(Alert.AlertType.INFORMATION);
            alert.setContentText(" 登录成功！ ");
            alert.show();
        } else {
            Alert alert = new Alert(Alert.AlertType.INFORMATION);
            alert.setContentText(" 登录失败！ ");
            alert.show();
        }
    }
    public void getRegister() {
        GridPane pane = new GridPane();
        pane.setAlignment(Pos.CENTER);
        pane.setPadding(new Insets(11,12,13,14));
        pane.setHgap(5);
        pane.setVgap(5);
```

```java
        pane.add(new Label(" 用户名 :"),0,0);
        TextField tr = new TextField();
        pane.add(tr,1,0);
        pane.add(new Label(" 密码 :"),0,1);
        PasswordField nr = new PasswordField();
        pane.add(nr,1,1);
        Button btOk = new Button(" 确认注册 ");
        HBox paneForButtons = new HBox(20);
        paneForButtons.getChildren().addAll(btOk);
        paneForButtons.setAlignment(Pos.CENTER);
        BorderPane panet = new BorderPane();
        panet.setBottom(paneForButtons);
        panet.setCenter(pane);
        Stage stage = new Stage();
        start_1(stage,panet,300,150);
        btOk.setOnAction(e -> {
            try {
                getconn();
                String sql = "insert into users(username,passwords) values(?,?)";
                pstm = conn.prepareStatement(sql);
                String namer = tr.getText();
                String passwordr = nr.getText();
                pstm.setString(1, namer);
                pstm.setString(2,passwordr);
                result = pstm.executeUpdate();
                if (result > 0) {
                    Alert alert = new Alert(Alert.AlertType.CONFIRMATION);
                    alert.setContentText(" 注册成功!  ");
                    alert.show();
                    stage.close();
                } else {
                    Alert alert = new Alert(Alert.AlertType.CONFIRMATION);
                    alert.setContentText(" 注册失败!  ");
                    alert.show();
                    stage.close();
                }
            } catch (SQLException ex) {
                ex.printStackTrace();
            } finally {
                close();
            }
        });
    }

    public void getconn() {
    ......
    }
    public void close() {
    ......
    }
    public static void main(String[] args) {
        launch(args);
    }
}
```

（1）密码输入域 PasswordField 类属于 javafx.scene.control 包，默认不显示密码。声明密码输入域和文本域类似，声明方法如下：

PasswordField pf = new PasswordField();

（2）弹出的消息框可以用 Alert 类实现。Alert 类是 JavaFX 的一部分，它是 Dialog 类的子类。该类的构造函数有以下两个。

Alert(Alert.AlertType a)：创建具有指定警报类型的新警报。

Alert(Alert.AlertType a, String c, ButtonType… b)：创建具有指定警报类型、内容和按钮类型的新警报。

Alert 类主要包括标头、内容文字和确认按钮三部分，声明一个确认类型的 Alert 方式如下：

Alert alert = new Alert(Alert.AlertType.CONFIRMATION);

## 验证性实验——汽车管理系统界面

设计一个简单的汽车管理系统界面，单击主界面的"查询"按钮，将所有的汽车销售信息展示在表格中。主程序运行结果如图 15-18 所示，在主界面显示"欢迎进入汽车管理系统"。单击"查询"按钮，在表格中显示所有信息，如图 15-19 所示。

图 15-18　汽车管理系统主界面

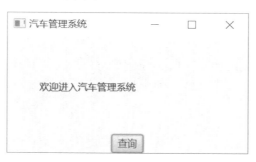

| 车辆ID | 车牌号 | 车辆型号 | 车辆款式 | 颜色 | 租金 | 品牌 |
|---|---|---|---|---|---|---|
| 1 | 88665 | 轿车 | 五座 | 黑色 | 300.0 | 长城 |
| 2 | 88666 | 轿车 | 五座 | 白色 | 500.0 | 奔驰 |
| 3 | 88667 | 商务车 | 七座 | 黑色 | 700.0 | 长安 |
| 4 | 10013 | 客车 | 43座 | 白色 | 2500.0 | 金龙 |

图 15-19　汽车管理系统信息显示界面

【参考程序 15.5】

```java
package unit17.GUI;
import java.sql.*;
import java.util.*;
import javafx.application.Application;
import javafx.collections.*;
import javafx.event.*;
import javafx.geometry.*;
import javafx.scene.Scene;
import javafx.scene.control.*;
import javafx.scene.control.cell.PropertyValueFactory;
import javafx.scene.layout.*;
import javafx.scene.text.Text;
import javafx.stage.Stage;
public class VehicleDisplayDB extends Application{
    VehicleManage m = new VehicleManage();
    public BorderPane getPane(){
        HBox paneForButtons = new HBox(20);
        Button bt = new Button(" 查询 ");
        bt.setOnAction(new show());
        paneForButtons.getChildren().add(bt);
        paneForButtons.setAlignment(Pos.CENTER);
        BorderPane pane = new BorderPane();
        pane.setBottom(paneForButtons);
        Pane paneForText = new Pane();
        Text text = new Text(40,70," 欢迎进入汽车管理系统 ");
        paneForText.getChildren().add(text);
        pane.setCenter(paneForText);
        return pane;
    }
    class show implements EventHandler<ActionEvent>{
        @Override
        public void handle(ActionEvent actionEvent) {
            Pane p = new Pane();
            final TableView<Vehicle> table = new TableView();
            final ObservableList<Vehicle> data = _____
            FXCollections.observableArrayList(m.menu);
            final Label label = new Label(" 车辆信息 ");
            table.setEditable(true);
            TableColumn idNameCol = new TableColumn(" 车辆 ID");
            idNameCol.setCellValueFactory(new PropertyValueFactory<>("id"));
            TableColumn numNameCol = new TableColumn(" 车牌号 ");
            numNameCol.setCellValueFactory(new PropertyValueFactory<>("plateNumber"));
            TableColumn typeCol = new TableColumn(" 车辆型号 ");
            typeCol.setCellValueFactory(new PropertyValueFactory<>("vehicleType"));
            TableColumn styleCol = new TableColumn(" 车辆款式 ");
            styleCol.setCellValueFactory(new PropertyValueFactory<>("vehicleStyle"));
            TableColumn colorCol = new TableColumn(" 颜色 ");
            colorCol.setCellValueFactory(new PropertyValueFactory<>("vehicleColor"));
            TableColumn rentCol = new TableColumn(" 租金 ");
```

```
            rentCol.setCellValueFactory(new PropertyValueFactory<>("vehicleRent"));
            TableColumn brandCol = new TableColumn(" 品牌 ");
            brandCol.setCellValueFactory(new PropertyValueFactory<>("vehicleBrand"));
            table.setColumnResizePolicy(TableView.CONSTRAINED_RESIZE_POLICY);
            table.setItems(data);
            table.getColumns().addAll(idNameCol,numNameCol,typeCol,styleCol,colorCol,rentCol,brandCol);
            VBox vbox = new VBox();
            vbox.setSpacing(5);
            vbox.setPadding(new Insets(10, 0, 0, 10));
            vbox.getChildren().addAll(label, table);
            p.getChildren().add(vbox);
            Stage stage = new Stage();
            Scene scene = new Scene(p,600,450);
            stage.setTitle(" 汽车管理系统 ");
            stage.setScene(scene);
            stage.show();
        }
    }
    public static void main(String[] args) {
        launch(args);
    }
    @Override
    public void start(Stage primaryStage) {
        Scene scene = new Scene(getPane(),300,150);
        primaryStage.setTitle(" 汽车管理系统 ");
        primaryStage.setScene(scene);
        primaryStage.show();
    }
}


//VehicleManage.java
import java.sql.Connection;
import java.sql.DriverManager;
import java.sql.PreparedStatement;
import java.sql.ResultSet;
import java.sql.SQLException;
import java.util.ArrayList;
import java.util.List;
public class VehicleManage {
    List<Vehicle> menu;
    public VehicleManage() {
        this.menu = new ArrayList<>();
        useDBInit();
    }
    public void useDBInit() {
        try {
            Class.forName("com.mysql.cj.jdbc.Driver");
            Connection conn = DriverManager.getConnection("jdbc:mysql://127.0.0.1:3306/clglxt?useSSL=true&characterEncoding=utf-8&serverTimezone=GMT&user=root&password=root");
            String sql = "select * from vehicle";
            PreparedStatement pstm = conn.prepareStatement(sql);
```

```java
                ResultSet rs = pstm.executeQuery();
                while (rs.next()) {
                    int id = rs.getInt("id");
                    String plateNumber = rs.getString("plateNumber");
                    String type = rs.getString("type");
                    String vehicleStyle = rs.getString("style");
                    String color2 = rs.getString("color");
                    double rent = rs.getDouble("rent");
                    String brand = rs.getString("brand");
                    Vehicle v = new Vehicle();
                    v.setId(id);
                    v.setPlateNumber(plateNumber);
                    v.setVehicleType(type);
                    v.setVehicleStyle(vehicleStyle);
                    v.setVehicleColor(color2);
                    v.setVehicleRent(rent);
                    v.setVehicleBrand(brand);
                    menu.add(v);
                }
                rs.close();

                pstm.close();
                conn.close();
            } catch (SQLException e) {
                e.printStackTrace();
            } catch (ClassNotFoundException e) {
                e.printStackTrace();
            }
        }
    }
    public class Vehicle {
        private int id;// 车辆 id
        private String plateNumber;// 车牌号
        private String vehicleType;// 车辆型号（轿车、客车、货车等）
        private String vehicleStyle;// 车辆款式（几座、核载人数、载货量）
        private String vehicleColor;// 颜色
        private String vehicleRent;// 租金
        private String vehicleBrand;// 车辆品牌

        public Vehicle() {
        }

        public int getId() {
            return id;
        }

        public void setId(int id) {
            this.id = id;
        }

        public String getPlateNumber() {
```

```
            return plateNumber;
        }

        public void setPlateNumber(String plateNumber) {
            this.plateNumber = plateNumber;
        }

        public String getVehicleType() {
            return vehicleType;
        }

        public void setVehicleType(String vehicleType) {
            this.vehicleType = vehicleType;
        }

        public String getVehicleStyle() {
            return vehicleStyle;
        }

        public void setVehicleStyle(String vehicleStyle) {
            this.vehicleStyle = vehicleStyle;
        }

        public String getVehicleColor() {
            return vehicleColor;
        }

        public void setVehicleColor(String vehicleColor) {
            this.vehicleColor = vehicleColor;
        }

        public String getVehicleRent() {
            return vehicleRent;
        }

        public void setVehicleRent(String vehicleRent) {
            this.vehicleRent = vehicleRent;
        }

        public String getVehicleBrand() {
            return vehicleBrand;
        }

        public void setVehicleBrand(String vehicleBrand) {
            this.vehicleBrand = vehicleBrand;
        }
    }
```

## ▲点拨

（1）TableView 是 JavaFX 的一个表视图，是用来显示表格的。定义一个表视图的语法如下：

TableView<Vehicle> table = new TableView();

TableView<S> 这个泛型代表的是 table 中每一列所存储的对象类型，每一行作为一个对象，每一列代表该对象所具有的属性。本案例中的 S 即为实体类 Vehicle 类，该类中的数据域与表 table 中的列一一对应，且每个数据域都有一个公有的访问器。

（2）初始化 TableView 时，可以先初始化，再设置数据源。例如：

TableView<Vehicle> table = new TableView();

table.setItems(data);

也可以直接在初始化时添加数据源：

TableView<Vehicle> table = new TableView(data);

（3）使用观察者模式能够让表格实时监控数据的变化，从而使表格作出相应的改变。观察者模式（Observer）又称发布订阅模式，它是一种通知机制，让发送通知的一方（被观察方）和接收通知的一方（观察者）能彼此分离，互不影响。例如：

ObservableList<Vehicle> data = FXCollections.observableArrayList(

　　　　new Vehicle("01", " 比亚迪 ");

　　　　new Vehicle("02", " 哈佛 ");

);

本案例中采用菜单的形式实现：

ObservableList<Vehicle> data = FXCollections.observableArrayList(vm.menu);

vm 是 VehicleManage 类声明的对象，该对象包含了一个由 ArrayList 定义的菜单，目的是将数据库查出来的菜单记录存储到列表中，其定义方法如下：

List<Vehicle> menu = new ArrayList<>();

（4）在 TableView 初始化之后，要向 TableView 中添加不同的列，添加 TableColumn。例如，声明表的两列 idNameCol 和 numNameCol，这两列分别从数据表的 " id" 和 " Number" 两个字段中取数据：

TableColumn idNameCol = new TableColumn(" 车辆 ID");

TableColumn numNameCol = new TableColumn(" 车牌号 ");

然后需要将列的对象和数据的属性绑定：

idNameCol.setCellValueFactory(new PropertyValueFactory<>("id"));

numNameCol.setCellValueFactory(new PropertyValueFactory<>("Number"));

设置好列的操作属性，将这些列数据添加到 TableView 中：

table.setColumnResizePolicy(TableView.CONSTRAINED_RESIZE_POLICY);

table.getColumns().addAll(idNameCol,numNameCol);

最后，对数据进行绑定：

ObservableList<Vehicle> data = FXCollections.observableArrayList(m.menu);

table.setItems(data);

## 设计性实验——数据连接界面

设计一个数据连接界面（见图 15-20），用户能够输入 JDBC 驱动器、URL、用户名和密码，当用户单击"test"按钮时，提示"连接成功！"，如图 15-21 所示。JDBC 驱动器为 com.mysql.cj.jdbc. Driver，DataBase URL 为 jdbc:mysql://127.0.0.1/studb，用户名和密码均为 root。

图 15-20　数据连接界面　　　　　　　　　图 15-21　数据连接成功界面

> **⚠ 点拨**
>
> 设计一个独立的数据库连接方法 getconn()，方法头设计如下：
>
> int getconn(String strDriver,String url,String dbName,String password）
>
> 单击"test"按钮时，将文本域中输入的信息保存到字符串中，并作为 getconn() 的参数传入，实现数据库的连接。若数据库连接成功，则弹出新的窗体，显示"连接成功！"。

## 设计性实验——学校信息管理系统的查询和删除

编写一个程序，实现学校信息管理系统的查询和删除。用户可以在文本框中输入查询的单位名称（见图 15-22），单击"查询"按钮，可以实现从 studb 数据库 Address 表中查询出相关信息。要求该程序支持模糊查询，查询到结果后将结果显示在文本区中，如图 15-23 所示。也可以在文本框中输入待删除单位的信息，单击"删除"按钮，将相关记录从数据库中删除，如图 15-24 和图 15-25 所示。

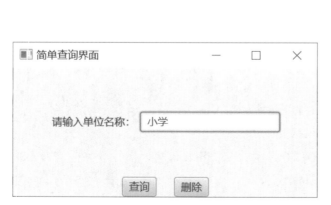

图 15-22　学校信息查询界面　　　　　　　　图 15-23　信息显示界面

图 15-24　输入待删除单位名称　　　　　　　图 15-25　删除成功提示界面

⚠点拨

（1）模糊查询可以用 select 语句实现。例如，输入"小学"时，可以查询出所有的小学。SQL 语法中有一个可用于模式匹配的运算符 like。检验字符串 str 是否含有模式 M 的语法：str like M。

在模式 M 中，可以使用通配符 % 和 _（下画线）。% 表示匹配 0 个或多个字符，_ 表示匹配单个字符。

本案例的模糊查询字符串可以设计为 "select * from 表名 where 列名 like ?"，"?"表示占位符，在 PreparedStatement 语句中使用。

（2）删除信息时，弹出一个窗体，显示是否删除成功。在执行删除语句 " result = pstm. executeUpdate();"后，判断 result 的值是否大于 0，如果大于 0，则说明删除成功。

## 设计性实验——学生档案管理系统

利用 JDBC 技术，设计一个学生档案管理系统。创建数据库 rsdaglxt 和表 personalfiles，表的设计如图 15-26 所示，并实现如下系统功能：

（1）实现添加学生档案基本信息的功能；

（2）实现删除学生档案基本信息的功能；

（3）实现检索学生档案基本信息的功能；

（4）实现修改学生档案基本信息的功能。

其运行界面如图 15-27 至图 15-31 所示。

| 名 | 类型 | 长度 | 十进位 | 允许空值 () | |
|---|---|---|---|---|---|
| ▶ studentId | int | 0 | 0 | ☐ | |
| studentName | varchar | 255 | 0 | ☑ | |
| studentSex | varchar | 255 | 0 | ☑ | |
| studentBirth | date | 0 | 0 | ☑ | |
| studentEducation | varchar | 255 | 0 | ☑ | |
| department | varchar | 255 | 0 | ☑ | |

图 15-26　personalfiles 表的设计

图 15-27　学生档案管理系统

图 15-28　添加信息界面

图 15-29　删除信息界面

图 15-30　信息检索界面

图 15-31　修改信息界面

**⚠点拨**

（1）首先设计一个 Student 实体类，该类的数据域与 personalfiles 表中的字段对应。其构造方法可以设计为

```
public Student(int id,String name,String sex,String birth,String education,String department) {
    this.studentId = id;
    this.studentName = name;
    this.studentSex = sex;
    this.studentBirth = birth;
    this.studentEducation = education;
    this.department = department;
}
```

Student 类中至少包含各个数据域的访问方法。

（2）系统的主界面如图 15-27 所示，主界面中的四个按钮分别实现"添加""删除""检索""修改"四个系统功能。以删除功能为例，删除按钮注册监听事件采用 btDelete.setOnAction(new del())，del 为内部类，参考代码如下：

```
class del implements EventHandler<ActionEvent>{
    public void handle(ActionEvent actionEvent) {
        GridPane pane = new GridPane();
        pane.setAlignment(Pos.CENTER);
        pane.setPadding(new Insets(11,12,13,14));
        pane.setHgap(5);
        pane.setVgap(5);
        pane.add(new Label(" 输入删除学生的姓名： "),0,0);
        TextField na = new TextField();
        pane.add(na,1,0);
        Button btOk = new Button(" 确认删除 ");
        class delt implements EventHandler<ActionEvent> {
            public void handle(ActionEvent actionEvent) {
                me.delete(na.getText());
            }
        }
        btOk.setOnAction(new delt());
        pane.add(btOk,1,1);
        Stage stage = new Stage();
        Scene scene = new Scene(pane,400,150);
        stage.setTitle(" 学生记录删除 ");
        stage.setScene(scene); stage.show();
    }
}
```

在打开的"学生记录删除"窗体中放置一个文本域（见图 15-29），用于输入学生姓名，"确认删除"按钮执行删除方法，其监听类 delt 可以设计为 del 类的内部类，而执行删除操作的 delete() 方法在控制类 StudentManage 中定义。

（3）在控制类 StudentManage 中定义数据库的连接、添加、删除、检索等一系列方法。以删除方法为例，其实现方法如下所示：

```java
public void delete(String name){
    try {
        getconn();
        String sql = "delete from personalfiles where studentName=?";
        PreparedStatement pstm = conn.prepareStatement(sql);
        pstm.setString(1,name);
        int result = pstm.executeUpdate();
        if (result > 0) {
            System.out.println(" 添加成功 ");

        } else {
            System.out.println(" 添加失败 ");
        }
        pstm.close();
        conn.close();
    }catch (SQLException throwables) {
        throwables.printStackTrace();
    }
}
```

数据库连接方法 getconn() 可以参考前面的设计，调用预编译语句的 executeUpdate() 方法执行删除操作。

（4）在 StudentManage 类中设计一个由 ArrayList 定义的菜单，目的是将数据库查出来的菜单记录装载到列表中，其泛型类型指定为 Student，定义方法如下：

List<Student> menu = new ArrayList<>();

△注意

数据库相关对象使用完毕后要调用 close() 方法释放资源。数据库调用语句要捕获 SQLException 类型的异常。

拓展训练

（1）在定义 TableView 组件时，其泛型类型应该怎么定义？表示泛型类型的实体类类型里需要包含哪些成员？

（2）如何在 JavaFX 中制作应用程序菜单？菜单里添加的是什么类型的数据？

# 第 16 单元

## 多线程编程

当前，计算机硬件进入多核时代，对于存在大量计算需求的应用程序，需要充分发挥多核的计算性能。Java 语言提供了多线程技术来满足高性能计算应用的需求，设计多线程应用程序，调用多个 CPU 核心参与并发计算，大大缩短了计算的时间，提高了程序的响应速度。本单元练习继承 Thread 类以及通过 Runnable 接口定义线程，通过定义线程实现同时执行多个处理任务，发挥多核硬件的计算性能。面对共享数据或设备，多个线程采用同步技术实现独占和交互操作。

## 知识要点

### 1. 多线程基础

要理解线程，就必须了解什么是进程。进程是指运行中的应用程序，每个进程都有自己独立的地址空间（内存空间），比如用户单击桌面的浏览器，就会启动一个进程，操作系统就会为该进程分配独立的地址空间。当用户再次单击浏览器时，又启动了一个进程，操作系统将为新的进程分配新的独立地址空间。

线程是进程中的一个实例，是操作系统独立调度和分配的基本单位，线程本身不拥有系统资源，只拥有一点在运行中必不可少的资源，但它可与同属一个进程的其他线程共享进程所拥有的全部资源。一个线程可以创建和撤销另一个线程，同一进程中的多个线程之间可以并发执行。线程具有如下特点：

（1）线程是轻量级的进程；

（2）线程没有独立的地址空间（内存空间）；

（3）线程是由进程创建的；

（4）一个进程可以拥有多个线程。

什么是多线程呢？如果在一个进程中同时运行了多个线程来完成不同的任务，则可以称为"多线程"。值得注意的是在单核设备中，多个线程实际上轮流占用 CPU，而非表面看起来的并行执行。采用多线程的好处：

（1）充分利用 CPU 的资源；

（2）简化编程模型；

（3）带来良好的用户体验。

Java 允许多线程并发控制，当多个线程同时操作一个可共享的资源变量时（如数据的增、删、改、查），将会导致数据不准确，多个线程会产生冲突，因此可以利用同步锁以避免在该线程没有完成操作之前，该资源变量被其他线程调用，从而保证了该资源变量的唯一性和准确性。Java 同步功能常用以下几种方式实现。

（1）同步方法，即用 synchronized 关键字修饰的方法。由于 Java 的每个对象都有一个内置锁，当用此关键字修饰方法时，内置锁会保护整个方法，在调用该方法前，需要获得内置锁，否则就处于阻塞状态。

（2）同步代码块，即由 synchronized 关键字修饰的语句块。被该关键字修饰的语句块会自动被加上内置锁，从而实现同步。

（3）使用特殊域变量（volatile）实现线程同步，volatile 关键字为域变量的访问提供了一种免锁机制。

（4）使用重入锁实现线程同步，JavaSE 5.0 以及后续版本提供了 ReentrantLock 类来实现同步功能，该类实现了 Lock 接口的锁，它与使用 synchronized 的方法和块具有相同的基本行为和语义，并且扩展了其功能。

多线程对提高 CPU 的利用率有很大益处。然而当系统中线程创建过多时，容易引发内存溢出。因此需要加强对线程的管理以及重用，线程池的技术可以有效解决上述问题。线程池有如下优势。

（1）降低资源消耗。使用线程池可以重复利用已创建的线程，降低线程创建和销毁造成的消耗。

（2）提高响应速度。当任务到达时，任务可以不需要等到线程创建就能立即执行。

（3）提高线程的可管理性。线程是稀缺资源，如果无限制地创建，不仅会消耗系统资源，还会降低系统的稳定性，使用线程池可以对线程进行统一的分配、调优和监控。

Java 通过 Executors 提供四种线程池。

（1）newSingleThreadExecutor 类创建一个单线程化的线程池，它只会用唯一的工作线程来执行任务，保证所有任务按照指定顺序（先进先出、后进后出、优先级）执行。

（2）newFixedThreadPool 类创建一个定长线程池，可控制线程最大并发数，超出的线程会在队列中等待。

（3）newScheduledThreadPool 类创建一个可定期或者延时执行任务的定长线程池，支持定时及周期性任务执行。

（4）newCachedThreadPool 类创建一个可缓存线程池，如果线程池长度超过处理需要，可灵活回收空闲线程，若无可回收线程，则新建线程。

2. 线程的生命周期

线程从创建、执行直至结束要经历多种状态，包括创建（New）、就绪（Runnable）、运行（Running）、阻塞（Blocked）和死亡（Dead）。在不同条件下，线程状态会在这几种状态间切换（又称状态转移），线程状态转移如图 16-1 所示。

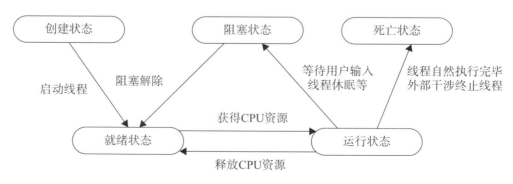

图 16-1　线程状态转移

## 实验　使用多线程开发 Java 程序

使用多线程开
发程序

知识目标

了解线程与进程之间的关系以及操作系统对线程的调度方式；了解线程池的使用方法。

能力目标

学会基于 Thread 类和 Runnable 接口自定义线程以及启动线程的方法；掌握多线程任务之间共享数据或资源的同步控制方法；能应用多线程进行任务调度。

素质目标

养成统筹安排任务的习惯，提高工作效率。

### 验证性实验——线程优先级

Java 中线程优先级的范围是 1 ~ 10，默认优先级是 5，10 级最高。下面演示设置不同优先级，并输出相应运行结果。

【参考程序 16.1】

```java
// ThreadPriority.java
public class ThreadPriority {
    public static void main(String[] args) {
        Thread t1 = new ThreadP("thread1");   // 新建 t1
        Thread t2 = new ThreadP("thread2");   // 新建 t2
        t1.setPriority(1);              // 设置 t1 的优先级为 1
        t2.setPriority(10);              // 设置 t2 的优先级为 10
        t1.start();              // 启动 t1
        t2.start();              // 启动 t2
    }
}
// ThreadP.java
class ThreadP extends Thread {
    public ThreadP(String name) {
        super(name);
    }
    public void run() {
        for (int i=0; i<5; i++) {
            System.out.println(Thread.currentThread().getName()
            + "(" + Thread.currentThread().getPriority()+ ")"  + ", loop "+i);
        }
    }
}
```

图 16-2 为其中一次的运行结果。请多次运行上述程序，并根据多次运行结果分析 Java 中线程优先级控制策略。

```
Console ☒
<terminated> ThreadPriority [Java Application] C:\Program Files\Java\jdk-14\bin\javaw.exe
thread1(1), loop 0
thread2(10), loop 0
thread1(1), loop 1
thread2(10), loop 1
thread1(1), loop 2
thread1(1), loop 3
thread1(1), loop 4
thread2(10), loop 2
thread2(10), loop 3
thread2(10), loop 4
```

图 16-2　多线程优先级控制程序运行结果

## 验证性实验——多线程同步

利用多线程同步模拟银行 ATM 机存取款业务功能。协同发展是通过协调两个或者两个以上的不同资源或者个体完成某一目标，达到共同发展的双赢效果。银行系统的稳定对社会可持续发展有重要作用。保证账户余额在系统操作过程中结果的一致性，是程序的重要职责。多端操作的协同控制是实现银行账户安全的有效方式。下面采用线程同步控制技术实现账户余额的安全控制。

（1）BankATM 类。BankATM 类是银行 ATM 类，它主要包含存款、取款和查询余额的方法。

【参考程序 16.2】

```java
import java.util.Random;
public class BankATM {
    private int balance = 0;
    public int addMoney(int money) {
        int ret = 0;
        try {
            int a = balance;
            Random rand = new Random();
            Thread.sleep(rand.nextInt(50) + 1);// 随机睡眠 1~50 毫秒
            balance = a + money;
        } catch (InterruptedException e) {
            e.printStackTrace();
        }
        ret = balance;
        return ret;
    }
    public BalanceRet subMoney(int money) {
        BalanceRet ret = new BalanceRet();
        if (balance >= money) {
            try {
                int a = balance;
                Random rand = new Random();
                Thread.sleep(rand.nextInt(50) + 1);// 随机睡眠 1~50 毫秒
                balance = a - money;
            } catch (InterruptedException e) {
```

```
                    e.printStackTrace();
                }
                ret.setBalance(balance);
                ret.setRet(true);
            } else {
                ret.setBalance(balance);
                ret.setRet(false);
            }
            return ret;
        }
        public int queryMoney() {
            return balance;
        }
    }
}
```

（2）BalanceRet 类。

【参考程序 16.3】

```
public class BalanceRet {
    private int balance;
    private boolean ret;
    public int getBalance() {
        return balance;
    }
    public void setBalance(int balance) {
        this.balance = balance;
    }
    public boolean isRet() {
        return ret;
    }
    public void setRet(boolean ret) {
        this.ret = ret;
    }
}
```

（3）BankOpRannable 操作线程类。

【参考程序 16.4】

```
import java.util.Random;
public class BankOpRannable implements Runnable {
    private BankATM bank;
    private String opATMName;
    public BankOpRannable(BankATM bank,String opATMName) {
        this.bank = bank;
        this.opATMName = opATMName;
    }
    @Override
    public void run() {
        //1、2、3 分别代表存款、取款和查询操作，每个线程进行 5 次随机操作
        for (int i = 0; i < 5; i++) {
            Random rand = new Random();
            try {
```

```
                    Thread.sleep(rand.nextInt(300) + 1);// 随机睡眠 1~300 毫秒
                } catch (InterruptedException e) {
                    e.printStackTrace();
                }
                int opType = rand.nextInt(3) + 1;
                if(opType == 1) {
                    int money = rand.nextInt(100) + 1;// 随机存 1~100
                    int balance = bank.addMoney(money);
                    System.out.println("ATM 终端："+opATMName+"，存 "+money+" 成功，当前余额："+balance);
                } else if(opType == 2) {
                    int money = rand.nextInt(100) + 1;// 随机取 1-100
                    BalanceRet ret = bank.subMoney(money);
                    if(ret.isRet()) {
                        System.out.println("ATM 终端："+opATMName+"，取 "+money+" 成功，当前余额："+ret.getBalance());
                    } else {
                        System.out.println("ATM 终端："+opATMName+"，取 "+money+" 失败，当前余额："+ret.getBalance());
                    }
                } else {
                    System.out.println("ATM 终端："+opATMName+"，查询当前余额："+bank.queryMoney());
                }
            }
        }
    }
```

（4）BankOpRannableTest 类用于模拟三个终端对同一个账号进行操作。

【参考程序 16.5】

```
package unit15;
public class BankOpRannableTest {
    public static void main(String[] args) {
        BankATM bank = new BankATM();
        BankOpRannable run1 = new BankOpRannable(bank, "Client1");
        Thread pt1 = new Thread(run1);
        pt1.start();
        BankOpRannable run2 = new BankOpRannable(bank, "Client2");
        Thread pt2 = new Thread(run2);
        pt2.start();
        BankOpRannable run3 = new BankOpRannable(bank, "Client3");
        Thread pt3 = new Thread(run3);
        pt3.start();
    }
}
```

图 16-3 为其中一次的运行结果。请多次运行该程序，结合图 16-3 以及运行结果分析输出结果的问题。针对这些问题，该如何改进代码？

```
Console ☒
<terminated> BankOpRannableTest (1) [Java Application] C:\Program Files\Java\jdk-14\bin\javaw.exe
ATM 终端：Client1，存16成功，当前余额：16
ATM 终端：Client2，存13成功，当前余额：29
ATM 终端：Client3，存72成功，当前余额：101
ATM 终端：Client2，存97成功，当前余额：126
ATM 终端：Client1，存58成功，当前余额：159
ATM 终端：Client3，查询当前余额：159
ATM 终端：Client1，取5成功，当前余额：154
ATM 终端：Client2，查询当前余额：154
ATM 终端：Client1，取33成功，当前余额：121
ATM 终端：Client3，取90成功，当前余额：64
ATM 终端：Client3，取59成功，当前余额：5
ATM 终端：Client2，取76失败，当前余额：5
ATM 终端：Client2，查询当前余额：5
ATM 终端：Client3，查询当前余额：5
ATM 终端：Client1，存93成功，当前余额：98
```

图 16-3　模拟三个终端操作一个账号的运行结果

**点拨**

尝试采用同步块来控制代码块，测试是否能解决该问题。还可以尝试采用同步对象方式控制同步块。

## 验证性实验——线程池应用

（1）缓存线程池的使用。当有新任务到来时，缓存线程池会把新任务插入到同步队列中，系统会在池中寻找可用线程来执行，若有可用线程则执行，若没有可用线程则创建一个线程来执行该任务。若线程池中线程空闲超过指定时间，则该线程会被销毁。该方式适用于执行很多短期异步小任务。

【参考程序 16.6】

```
import java.io.PrintStream;
import java.util.concurrent.ExecutorService;
import java.util.concurrent.Executors;
public class CachedThreadPoolTest {
    public static void main(String[] args) {
        ExecutorService cachedThreadPool = Executors.newCachedThreadPool();
        PrintStream out = System.out;
        for (int i = 1; i <= 10; i++) {
            FixedThread ft = new FixedThread(out,i);
            cachedThreadPool.execute(ft);
            try {
                Thread.sleep(i * 1000);// 修改延时
            } catch (InterruptedException e) {
                e.printStackTrace();
            }
        }
    }
}
```

（2）固定容量线程池的使用。创建可容纳固定数量线程的线程池。线程的存活时间是无限的，当线程池堆满之后不再创建线程。如果线程池中的所有线程均在繁忙状态，新任务会进入阻塞队列，该方式适用于执行长期的任务。

【参考程序 16.7】

```
package unit15;
import java.io.PrintStream;
import java.util.concurrent.ExecutorService;
import java.util.concurrent.Executors;
public class FixTheadPoolTest {
    public static void main(String[] args) {
        PrintStream out = System.out;
        ExecutorService fixedThreadPool = Executors.newFixedThreadPool(3);
        for (int i = 0; i < 10; i++) {
            FixedThread ft = new FixedThread(out,i);
            fixedThreadPool.execute(ft);
        }
    }
}
```

（3）单线程线程池的使用。创建只有一个线程的线程池，且线程的存活时间是无限的。当该线程正繁忙时，新任务会进入阻塞队列。该方式适用于依次执行任务的场景。

【参考程序 16.8】

```
package unit15;
import java.io.PrintStream;
import java.util.concurrent.ExecutorService;
import java.util.concurrent.Executors;
public class SingleThreadExecutorTest {
    public static void main(String[] args) {
        PrintStream out = System.out;
        ExecutorService threadPool = Executors.newSingleThreadExecutor();
        for (int i = 0; i < 10; i++) {
            FixedThread ft = new FixedThread(out,i);
            threadPool.execute(ft);
        }
    }
}
```

（4）固定大小的线程池的使用。创建一个固定大小的线程池，线程池内线程的存活时间无限制，线程池可以支持定时及周期性任务的执行。如果所有线程均处于繁忙状态，新任务会进入 DelayedWorkQueue 队列。该方式适用于周期性执行任务的场景。

【参考程序 16.9】

```
package unit15;
import java.io.PrintStream;
import java.util.concurrent.Executors;
import java.util.concurrent.ScheduledExecutorService;
import java.util.concurrent.TimeUnit;
```

```
public class ScheduledThreadPoolTest {
    public static void main(String[] args) {
        PrintStream out = System.out;
        ScheduledExecutorService scheduledThreadPool = Executors.newScheduledThreadPool(5);
        Runnable r1  = new FixedThread(out,1);
        //3 秒后执行
        scheduledThreadPool.schedule(r1, 3, TimeUnit.SECONDS);
        Runnable r2  = new FixedThread(out,2);
        // 执行：延迟 2 秒后每 3 秒执行一次
        scheduledThreadPool.scheduleAtFixedRate(r2, 2, 3, TimeUnit.SECONDS);
        // 执行：普通任务
        Runnable r3  = new FixedThread(out,3);
        for (int i = 0; i < 5; i++) {
            scheduledThreadPool.execute(r3);
        }
    }
}
```

⚠点拨

（1）利用线程池的不同的策略可以充分发挥多线程的能力；

（2）仔细分析使用不同线程池的程序的运行结果，深入理解线程并学会合理使用线程。

## 设计性实验——Thread 类应用

继承 Thread 类，编写 PrintNumThread 类，依次打印输出 1~5，每打印一个数之后睡眠 50 毫秒。编写 PrintNumThreadTest 代码进行测试。程序的运行结果如图 16-4 所示。

```
Console ⊠
<terminated> PrintNumThreadTest [Java Application] C:\Program Files\Java\jdk-14\bin\javaw.exe
Thread name: Thread1, print num: 1
Thread name: Thread2, print num: 1
Thread name: Thread2, print num: 2
Thread name: Thread1, print num: 2
Thread name: Thread2, print num: 3
Thread name: Thread1, print num: 3
Thread name: Thread2, print num: 4
Thread name: Thread1, print num: 4
Thread name: Thread2, print num: 5
Thread name: Thread1, print num: 5
```

图 16-4  PrintNumThread 类测试运行结果

⚠点拨

（1）该类框架如下：

```
public class PrintNumThread extends Thread {
    // 请添加相关代码
}
```

（2）该类测试代码框架如下：

```
// 测试代码
package unit15;
```

```
public class PrintNumThreadTest {
    public static void main(String[] args) {
        PrintNumThread t1 = new PrintNumThread("Thread1");// 创建线程对象
        t1.start();// 线程的启动方法
        PrintNumThread t2 = new PrintNumThread("Thread2");
        t2.start();
    }
}
```

## 设计性实验——Runnable 接口应用

继承 Runnable 接口，编写 PrintCharRunnable 类，依次打印输出字符a~e，并编写 PrintCharRunnableTest 类进行测试。该程序的运行结果如图 16-5 所示。

```
Console 
<terminated> PrintCharRunnableTest [Java Application] C:\Program Files\Java\jdk-14\bin\javaw.exe
Thread name: Runnable1, print char: a
Thread name: Runnable2, print char: a
Thread name: Runnable1, print char: b
Thread name: Runnable2, print char: b
Thread name: Runnable1, print char: c
Thread name: Runnable2, print char: c
Thread name: Runnable1, print char: d
Thread name: Runnable2, print char: d
Thread name: Runnable1, print char: e
Thread name: Runnable2, print char: e
```

图 16-5　PrintCharRunnable 类测试运行结果

⚠点拨

（1）该类框架如下：

```
class PrintCharRunnable implements Runnable {
    // 请添加相关代码
}
```

（2）该类测试代码框架如下：

```
public class PrintCharRunnableTest {
    public static void main(String[] args) {
        // TODO Auto-generated method stub
        PrintCharRunnable run3 = new PrintCharRunnable（"Runnable1"）;
        Thread pt3 = new Thread(run3）;
        pt3.start();
        PrintCharRunnable run4 = new PrintCharRunnable（"Runnable2"）;
        Thread pt4 = new Thread(run4）;
        pt4.start();
    }
}
```

## 设计性实验——wait 和 notify 应用

启动两个线程，利用 wait 和 notify 进行控制，让线程 2 比线程 1 先执行，并输出运行结果，如图 16-6 所示。

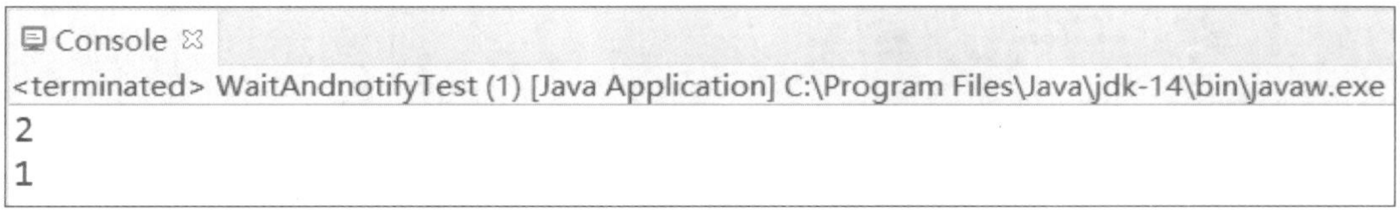

```
🖥 Console ☒
<terminated> WaitAndnotifyTest (1) [Java Application] C:\Program Files\Java\jdk-14\bin\javaw.exe
2
1
```

图 16-6　wait 和 notify 程序运行结果

### ⚠点拨

（1）创建锁对象以及输出控制标志如下：

// 锁对象

private static Object lock = new Object();

// 先输出的标志

private static boolean t2Runned = false;

（2）两个匿名内部线程类分别用 lock 对象作为同步控制对象。其中采用 wait 的线程，要判断一下 t2Runned 标记的状态。假如为 false，则说明要调用 lock.wait()，另一个线程输出结果并修改 t2Runned 的状态为 true，再调用 lock.notify() 发出通知信号。

## 📖拓展训练

（1）思考线程和进程在具体任务处理中的优缺点。

（2）思考线程的多种实现方式，以及在多任务系统开发中的应用差异。

（3）学习多个线程之间共享数据的方式，思考如何高效面对高并发应用程序下的数据共享问题以及怎样避免死锁。

（4）思考线程池技术在哪些应用程序开发中可以展现其高效的特点。

# 第 17 单元

## 网络编程

当前，计算机应用进入网络时代，单机应用程序无法满足需求，应用程序网络化以及服务化已经成为主流方向。不同应用对网络服务质量的要求不同，部分应用要求不能丢包，而部分应用要求获得最新的数据状态，允许传输过程中丢失部分数据。一些网络程序服务的客户端较少，而一些应用程序需要满足大量用户的并发连接。本单元练习网络通信技术在程序设计中的应用，针对通信的需求可以采用 TCP（传输控制协议）和 UDP（用户数据报协议）方式进行数据传输，针对服务需求可以采用多种服务器模型实现数据服务，如采用多线程技术和 Netty 框架实现阻塞和非阻塞处理方式。

## 知识要点

### 1. 网络编程基础

计算机网络通过传输介质、通信设施和网络通信协议，把分散在不同地点的计算机设备互相连接起来，实现资源共享和数据传输。网络编程就是编写程序使互联网的两个（或多个）设备进行数据传输。

当前主流的 TCP/IP（传输控制协议 / 互联网协议）模型采用 4 层的层级结构，每一层都调用它的下一层所提供的协议来完成自己的需求，这 4 层分别是网络接口层、网络层（IP 层）、传输层（TCP 层）、应用层。每一层都包含多种协议，TCP/IP 4 层模型以及协议如图 17-1 所示。其中，网络接口层解决信号在物理介质上的传输问题；网络层是整个 TCP/IP 协议栈的核心，它的功能是把分组数据发往目标网络或主机；传输层负责在应用进程之间建立端到端的连接和可靠通信；应用层为各种网络应用提供服务。

| 应用层 | Telnet、FTP、SMTP、DNS、HTTP<br>其他应用协议 |
|--------|------------------------------------------|
| 传输层 | TCP、UDP |
| 网络层 | IP、ARP、RARP、ICMP |
| 网络接口层 | 各种通信网络接口（以太网等）<br>（物理网络） |

图 17-1　TCP/IP 4 层模型以及协议

TCP/IP 协议是一个非常庞大且复杂的系统，包含了大量的协议和标准，它们确保了数据在网络中的正确传输和管理。Java 语言给网络编程提供了良好的支持，利用 Java 语言可以很方便地进行网络编程。

### 2. 网络通信协议

网络通信协议分为面向连接的传输控制协议（TCP）和面向无连接的用户数据报协议（UDP）。其中 TCP 协议是面向连接的可靠通信协议，即在传输数据之前在发送端和接收端建立逻辑连接，然后再传输数据，它提供了两台计算机之间可靠无差错的数据传输。在 TCP 连接中必须明确客户端与服务器端，由客户端向服务器端发送连接请求，每次连接的创建都需要经过"三次握手"。UDP 是无连接通信协议，即在数据传输时，数据的发送端和接收端不建立逻辑连接。简单来说，当一台计算机向另外一台计算机发送数据时，发送端不会确认接收端是否存在就会发送数据，接收端在收到数据时也不会向发送端反馈是否收到数据。由于使用 UDP 协议消耗资源少、通信效率高，所以通常将其用于音频、视频数据的传输。例如实时音频传输、游戏应用都使用 UDP 协议，这些应用场景中偶尔丢失少量数据包不会对接收结果产生太大影响。使用 UDP 协议传输数据时，它不能保证数据的完整性，因此在传输重要数据时不建议使用 UDP 协议。TCP 协议和 UDP 协议各有优势，它们的主要区别如下：

（1）TCP 基于连接，UDP 是无连接的；

（2）TCP 对系统资源的要求较多，UDP 则较少；

（3）UDP 程序结构较简单；

（4）TCP 是流模式，而 UDP 是数据报模式；

（5）TCP 可以保证数据的正确性，而 UDP 可能丢包；

（6）TCP 可以保证数据顺序，而 UDP 不能保证。

网络编程中数据传输选择 TCP 还是 UDP，需要结合应用、网络稳定性等条件来决定。

### 3. Socket 网络编程

套接字（Socket）是 TCP/IP 模型的传输层提供给应用程序编程接口的一种机制。可以把 Socket 比喻成一个港口码头，应用程序只要把"货物"放到港口码头上，就算完成了货物的运输。对于接收方，应用程序也要创建一个"港口码头"，只需要等待"货物"到达码头后将"货物"取走。那么什么是 Socket 呢？简单地说，Socket 就是两台主机之间逻辑连接的端点。Socket 本质上就是一组接口，是对 TCP/IP 协议的封装和应用。

Socket 是在应用程序中创建的，它通过一种绑定机制与驱动程序建立关系，需要指定驱动程序所对应的 IP 地址和端口号。在网络上传输的每一个数据帧必须包含发送者的 IP 地址和端口号。创建完 Socket 连接以后，应用程序写入 Socket 的数据由 Socket 交给驱动程序向网络上发送数据，计算机从网络上收到与某个 Socket 绑定的 IP 地址和端口号相关的数据后，由驱动程序再交给 Socket，应用程序就可以从该 Socket 中读取接收到的数据。

Socket 编程主要涉及客户端和服务器端两个方面，首先要在服务器端创建一个服务器套接字（ServerSocket），并把它绑定到一个端口上，服务器在这个端口监听连接。端口号的范围是 0~65536，其中 0~1024 是系统端口，只有系统特许的进程才能使用。客户端请求与服务器进行连接时，根据服务器的域名或者 IP 地址加上端口号，就可以创建一个套接字。当服务器接受连接后，服务器端和客户端之间建立通信连接。基于 Socket 的通信模型如图 17-2 所示。

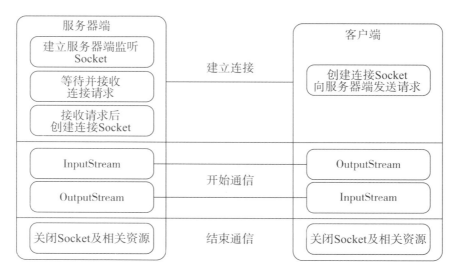

图 17-2　基于 Socket 的通信模型

### 4. Java 网络编程常用类

为了方便网络编程，Java 对常规网络编程中需要使用的功能进行封装，极大地降低了网络编程的难度。

（1）InteAddress 类。Java 中的 InetAddress 是一个代表 IP 地址的封装类。IP 地址可以由字节数组或字符串来表示，InetAddress 将 IP 地址以对象的形式进行封装，方便操作和获取其属性。InetAddress 没有构造方法，通过两个静态方法获得它的对象，其使用方法如下：

```
// 根据主机名来获取对应的 InetAddress 实例
InetAddress ip = InetAddress.getByName("www.baidu.com");
// 根据原始 IP 地址（字节数组形式）来获取对应的 InetAddress 实例
InetAddress local = InetAddress.getByAddress(new byte[]{127,0,0,1});
```

（2）URL 和 URLConnection 类。网络 URL 是统一资源定位符的简称，它表示 Internet 上某一资源的地址。URL 被认为是互联网资源的"指针"，通过 URL 可以获得互联网资源相关信息，还可以利用 URL 的 InputStream 对象获取资源的信息。URL 的 openConnection 方法会返回一个连接到资源的 URLConnection，URLConnection 对象可以向所代表的 URL 发送请求并读取 URL 的资源。通常，创建一个 URL 的连接需要如下几个步骤：

①创建 URL 对象，并通过调用 openConnection 方法获得 URLConnection 对象；

②设置 URLConnection 对象的参数和请求属性；

③向远程资源发送请求；

④程序访问远程资源的头字段，通过输入流来读取远程资源返回的信息。

其中向远程资源发送请求时，如果只是发送 GET 方式的请求，使用 connect 方法建立和远程资源的连接即可。如果需要发送 POST 方式的请求，则需要获取 URLConnection 对象所对应的输出流来发送请求。

GET 方式的参数传递方式是将参数显式追加在地址后面，在构造 URL 对象时，参数包含完整的 URL 地址，在获得 URLConnection 对象后，直接调用 connect 方法即可发送请求。POST 方式传递参数时仅仅需要页面 URL，参数通过输出流来传递。它们的使用方法如下：

【GET 方式】

```
String urlName = url + "?" + param;
URL realUrl = new URL(urlName);
// 建立和 URL 之间的连接
URLConnection conn = realUrl.openConnection();
// 设置通用的请求属性
conn.setRequestProperty("accept", "*/*");
conn.setRequestProperty("connection", "Keep-Alive");
conn.setRequestProperty("user-agent","Mozilla/4.0 (compatible; MSIE 6.0; Windows NT 5.1; SV1)");
// 建立实际的连接
conn.connect();
```

【POST 方式】

```
URL realUrl = new URL(url);
// 打开和 URL 之间的连接
URLConnection conn = realUrl.openConnection();
// 设置通用的请求属性
conn.setRequestProperty("accept", "*/*");
conn.setRequestProperty("connection", "Keep-Alive");
conn.setRequestProperty("user-agent", "Mozilla/4.0 (compatible; MSIE 6.0; Windows NT 5.1; SV1)");
// 发送 POST 请求必须设置如下参数
conn.setDoOutput(true);
conn.setDoInput(true);
// 获取 URLConnection 对象对应的输出流
out = new PrintWriter(conn.getOutputStream());
// 发送请求参数
out.print(param);
```

（3）URLDecoder 和 URLEncoder 类。URLDecoder 和 URLEncoder 分别用于将 application/x-www-form-urlencoded MIME 类型的字符串转换为普通字符串，将普通字符串转换为这类特殊的字符串。URLDecoder 类的静态方法 decode() 用于解码，URLEncoder 类的静态方法 encode() 用于编码。它们的具体使用方法如下：

```
// 将 application/x-www-form-urlencoded 字符串转换成普通字符串
String keyWord = URLDecoder.decode("%E6%9D%8E%E5%88%9A+j2ee", "UTF-8");
System.out.println(keyWord);
// 将普通字符串转换成 application/x-www-form-urlencoded 字符串
String urlStr = URLEncoder.encode("ROR 敏捷开发最佳指南", "GBK");
System.out.println(urlStr);
```

（4）Socket 和 ServerSocket。网络上的两个程序可以通过双向的通信连接实现数据交换，这个双向链路的每一端都可以称为一个 Socket。建立 Socket 连接需要提供一个 IP 地址和一个端口号。服务端监听某个端口是否有连接请求，客户端向服务端发出连接请求后，服务端向客户端发回消息，这样，一个连接就成功建立了。客户端和服务端都可以通过 send、write 等方法与对方通信。TCP Socket 的通信过程如图 17-3 所示。

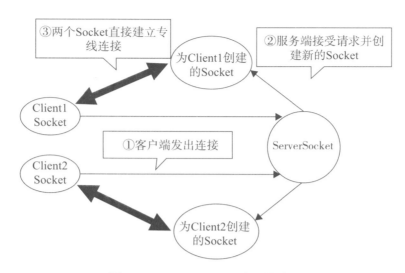

图 17-3  TCP Socket 的通信过程

（5）DatagramSocket 类。UDP 协议是一种不可靠的网络协议，它在通信实例的两端分别建立一个 Socket，但这两个 Socket 之间并没有虚拟链路，Socket 只是发送和接收数据报的对象。java.net 包中提供了 DatagramSocket 和 DatagramPacket，用来支持数据报通信。DatagramSocket 用于在程序之间建立传输数据报的通信连接，DatagramPacket 用来表示一个数据报。 DatagramSocket 的构造方法如下：

```
DatagramSocket();
DatagramSocket(int prot);
DatagramSocket(int port, InetAddress laddr);
```

其中，参数 port 指明 Socket 所使用的端口号，如果未指明端口号，则把 Socket 连接到本地主机上的一个可用的端口。laddr 指明一个可用的本地地址。给出端口号时要保证不发生端口冲突，否则会产生 SocketException 异常。用数据报方式编写 Client/Server 程序时，无论在客户端还是服务端，首先都要建立一个 DatagramSocket 对象，用来接收或发送数据报，然后使用 DatagramPacket 类对象作为传输数据的载体。

## 实验　Java 网络编程

知识目标

了解网络编程与计算机网络通信原理相关的概念；了解常用的网络编程框架；理解网络服务器架构模型。

Java 网络编程

能力目标

能够基于 URL 类实现网络数据的访问；掌握 Socket 网络编程和 DatagramSocket 数据报编程。

素质目标

养成互联互助思维和协同工作习惯。

## 验证性实验——URL 和 URLConnection 类的应用

利用 URL 类和 URLConnection 类访问网络资源。

【参考程序 17.1】

```java
import java.io.BufferedInputStream;
import java.io.FileOutputStream;
import java.io.IOException;
import java.net.HttpURLConnection;
import java.net.URL;
public class DownImage {
    public void saveToFile(String destUrl) {
        FileOutputStream fos = null;
        BufferedInputStream bis = null;
        HttpURLConnection httpUrl = null;
        URL url = null;
        int BUFFER_SIZE = 1024;
        byte[] buf = new byte[BUFFER_SIZE];
        int size = 0;
        try {
            url = new URL(destUrl);
            httpUrl = (HttpURLConnection) url.openConnection();
            httpUrl.connect();
            bis = new BufferedInputStream(httpUrl.getInputStream());
            fos = new FileOutputStream("c:\\haha.jpg");
            while ((size = bis.read(buf)) != -1) {
                fos.write(buf, 0, size);
            }
            fos.flush();
        } catch (IOException | ClassCastException exception) {
            exception.printStackTrace();
        } finally {
            try {
                assert fos != null;
                fos.close();
                bis.close();
                httpUrl.disconnect();
            } catch (IOException | NullPointerException exception) {
                exception.printStackTrace();
            }
        }
    }
    public static void main(String[] args) {
        DownImage dw = new DownImage();
        dw.saveToFile("https://pic1.zhimg.com/v2-4ae8b1376e61b774b359e917dc843e0c_r.jpg");
    }
}
```

⚠点拨

saveToFile 方法的图像链接可以修改为任何一个网络图片的 URL 地址。

## 验证性实验——Netty 框架的应用

服务端软件涉及的知识和内容非常广泛，借助成熟、稳健的框架进行开发，程序员只需完成系统的业务逻辑，就可以高效完成服务软件开发。下面采用 Netty 框架实现了一个聊天室，包括服务端和客户端。测试下面的代码，并分析利用框架实现多客户端网络应用的优势。

【参考程序 17.2】

服务端要监听客户端的状态和客户端发送的消息。为了提高代码的可读性，现将服务端的代码拆分为三部分。其中，ChatRoomServer 类是聊天室服务端的主类，在这里启动聊天室服务端；ChatServerHandler 类用来监听客户端的行为和状态；ChatServerInitialize 类是聊天室服务端初始化类，在这里进行初始化操作并把 ChatServerHandler 放入 SocketChannel 的 pipeline 中供聊天室服务端主类调用。

（1）聊天室服务端启动。

```java
public class ChatRoomServer {
    private final int port;

    public ChatRoomServer(int port) {
        this.port = port;
    }

    public void start() {
        EventLoopGroup boss = new NioEventLoopGroup();
        EventLoopGroup worker = new NioEventLoopGroup();
        try {
            ServerBootstrap bootstrap = new ServerBootstrap();
            bootstrap.group(boss, worker)
                .channel(NioServerSocketChannel.class)
                .childHandler(new ChatServerInitialize())
                .option(ChannelOption.SO_BACKLOG, 128)
                .option(ChannelOption.SO_KEEPALIVE, true);
            ChannelFuture future = bootstrap.bind(port).sync();
            future.channel().closeFuture().sync();
        } catch (Exception e) {
            e.printStackTrace();
        } finally {
            boss.shutdownGracefully();
            worker.shutdownGracefully();
        }
    }

    public static void main(String[] args) {
        new ChatRoomServer(9999).start(); // 服务端监听本地的 9999 端口
    }
}
```

（2）在服务端监听客户端的行为和状态。

```java
//ChatServerHandler.java
import io.netty.channel.Channel;
import io.netty.channel.ChannelHandlerContext;
import io.netty.channel.SimpleChannelInboundHandler;
import io.netty.channel.group.ChannelGroup;
import io.netty.channel.group.DefaultChannelGroup;
```

```java
import io.netty.util.concurrent.GlobalEventExecutor;
public class ChatServerHandler extends SimpleChannelInboundHandler<String> {
    public static final ChannelGroup channels = new DefaultChannelGroup(GlobalEventExecutor.INSTANCE);
    /**
     * 当从服务端收到新的客户端连接时,
     * 把客户端的 Channel 存入 channels 列表中, 并通知列表中的其他客户端
     */
    @Override
    public void handlerAdded(ChannelHandlerContext ctx)throws Exception {
        Channel clientChannel = ctx.channel();
        channels.add(clientChannel) ;
        for(Channel ch : channels) {
            if(ch != clientChannel) {   // 通知除了自己以外的其他用户
                ch.writeAndFlush("【提示】: 用户【 "+ clientChannel.remoteAddress()+ " 】进入聊天室 ...\n");
            }
        }
    }
    /**
     * 每当从服务端收到客户端断开的信息时,
     * 客户端的 Channel 自动从 channels 列表中移除, 并通知列表中的其他客户端 Channel
     */
    @Override
    public void handlerRemoved(ChannelHandlerContext ctx)throws Exception {
        Channel clientChannel = ctx.channel();
        channels.remove(clientChannel) ;
        for(Channel ch : channels) {
            if(ch != clientChannel) {   // 通知除了自己以外的其他客户端 Channel
                ch.writeAndFlush("【提示】: 用户【 " + clientChannel.remoteAddress()+ " 】退出聊天室 ...\n") ;
            }
        }
    }
    /**
     * 接收客户端发出的消息, 并判断该消息由谁发出
     */
    @Override
    protected void channelRead0（ChannelHandlerContext ctx, String msg)throws Exception {
        Channel clientChannel = ctx.channel();
        for(Channel ch : channels) {
            if(ch != clientChannel) {
                ch.writeAndFlush(" 用户【 " + clientChannel.remoteAddress()+ " 】说: "+msg+"\n") ;
            } else {
                ch.writeAndFlush("【我】说: "+msg +"\n");
            }
        }
    }
    /**
     * 服务端监听到客户端正处于在线状态
     */
    @Override
    public void channelActive(ChannelHandlerContext ctx)throws Exception {
        Channel clientChannel = ctx.channel();
```

```
        System.out.println(" 用户【 "+clientChannel.remoteAddress()+" 】在线中 ...");
    }
    /**
     * 服务端监听到客户端离线
     */
    @Override
    public void channelInactive(ChannelHandlerContext ctx)throws Exception {
        Channel clientChannel = ctx.channel();
        System.out.println(" 用户【 "+clientChannel.remoteAddress()+" 】：离线了 ");
    }
```

（3）聊天室服务端初始化代码。

```
import io.netty.channel.ChannelInitializer;
import io.netty.channel.ChannelPipeline;
import io.netty.channel.socket.SocketChannel;
import io.netty.handler.codec.DelimiterBasedFrameDecoder;
import io.netty.handler.codec.Delimiters;
import io.netty.handler.codec.string.StringDecoder;
import io.netty.handler.codec.string.StringEncoder;
public class ChatServerInitialize extends ChannelInitializer<SocketChannel> {
    @Override
    protected void initChannel(SocketChannel channel)throws Exception {
        System.out.println(" 用户【 "+channel.remoteAddress()+" 】接入聊天室 ......");
        ChannelPipeline pipeline = channel.pipeline();
        pipeline.addLast("framer",new DelimiterBasedFrameDecoder(8192, Delimiters.lineDelimiter()));
        pipeline.addLast("decoder",new StringDecoder());
        pipeline.addLast("encoder",new StringEncoder());
        pipeline.addLast("handler",new ChatServerHandler());
    }
}
```

客户端代码由下面三部分构成。

【参考程序 17.3】

（1）聊天室客户端代码。

```
import java.io.BufferedReader;
import java.io.InputStreamReader;
import io.netty.bootstrap.Bootstrap;
import io.netty.channel.Channel;
import io.netty.channel.EventLoopGroup;
import io.netty.channel.nio.NioEventLoopGroup;
import io.netty.channel.socket.nio.NioSocketChannel;

public class ChatClient {
    private final String host;
    private final int port;
    public ChatClient(String host, int port){
        this.host = host;
        this.port = port;
    }
```

```java
public void start(){
    EventLoopGroup worker = new NioEventLoopGroup();
    Bootstrap bootstrap = new Bootstrap();
    try {
        bootstrap.group(worker)
        .channel(NioSocketChannel.class)
        .handler(new ChatClientInitializer());
        Channel channel  = bootstrap.connect(host,port).sync().channel();
        // 客户端从键盘输入数据
        BufferedReader input = new BufferedReader(new InputStreamReader(System.in));
        while(true){
            channel.writeAndFlush(input.readLine()+"\n");
        }
    } catch (Exception e) {
        e.printStackTrace();
    } finally {
        worker.shutdownGracefully();
    }
}
public static void main(String[] args){
    new ChatClient("127.0.0.1",9999).start(); // 连接服务端
}
}
```

（2）聊天室客户端处理代码。

```java
import io.netty.channel.ChannelHandlerContext;
import io.netty.channel.SimpleChannelInboundHandler;
public class ChatClientHandler extends SimpleChannelInboundHandler<String> {
    /**
     * 打印服务端发送过来的数据
     */
    @Override
    protected void channelRead0（ChannelHandlerContext channelHandlerContext, String s)throws Exception {
        System.out.println(s);
    }
}
```

（3）聊天室客户端初始化代码。

```java
import io.netty.channel.ChannelInitializer;
import io.netty.channel.ChannelPipeline;
import io.netty.channel.socket.SocketChannel;
import io.netty.handler.codec.DelimiterBasedFrameDecoder;
import io.netty.handler.codec.Delimiters;
import io.netty.handler.codec.string.StringDecoder;
import io.netty.handler.codec.string.StringEncoder;
public class ChatClientInitializer extends ChannelInitializer<SocketChannel> {
    @Override
    protected void initChannel(SocketChannel socketChannel)throws Exception {
        // 当有客户端连接服务端时，netty 会调用初始化的 initChannel 方法
```

```
        System.out.println(" 客户端开始初始化 ......");
        ChannelPipeline pipeline = socketChannel.pipeline();
        pipeline.addLast("framer",new DelimiterBasedFrameDecoder(8192, Delimiters.lineDelimiter()));
        pipeline.addLast("decoder",new StringDecoder());
        pipeline.addLast("encoder",new StringEncoder());
        pipeline.addLast("handler",new ChatClientHandler());
    }
}
```

**点拨**

运行该程序需要在工程中添加 netty-all-4.1.24.Final.jar 以上版本的 jar 包。

## 设计性实验——简单客户端和服务端通信程序

采用 Socket 和 ServerSocket 编写一对一客户端和服务端程序。客户端 Client 类连接到服务端后，客户端输入一串字符发送给服务端，服务端收到后直接返回该字符串，当客户端输入" !q"后，客户端退出，并关闭连接。服务端收到" !q"后，也关闭连接。图 17-4（a）和（b）分别为服务端程序和客户端程序的运行结果。

```
📋 Console ⊠
SocketServer [Java Application] C:\Program Files\Java\jdk-14\bin\javaw.exe
等待客户端连接...
[127.0.0.1]连接成功...2023年5月6日 上午11:39:48
来自[客户端]的信息（2023年5月6日 上午11:40:15）：my name is tom
```

（a）

```
📋 Console ⊠
SocketClient [Java Application] C:\Program Files\Java\jdk-14\bin\javaw.exe
来自[服务端]的信息（2023年5月6日 上午11:39:48）：服务端连接成功...2023年5月6日 上午11:39:49
my name is tom
来自[服务端]的信息（2023年5月6日 上午11:40:15）：my name is tom
```

（b）

图 17-4

（a）服务端程序运行结果；（b）客户端程序运行结果

**点拨**

（1）服务端程序运行后，直接在 accept 处等待客户端连接。

（2）将输入 / 输出流用字符缓冲流进行包装，代码如下：

InputStream in = socket.getInputStream();

OutputStream out = socket.getOutputStream();

InputStreamReader isr = new InputStreamReader(in);

BufferedReader reader = new BufferedReader(isr);

OutputStreamWriter osw = new OutputStreamWriter(out);

BufferedWriter writer = new BufferedWriter(osw);

## 设计性实验——多线程服务端程序

在完成简单客户端和服务端通信程序设计的基础上，将其修改为可以同时连接多个客户端的程序，每个客户端都有一个独立的线程进行交互。当客户端输入一串字符，服务端线程直接返回字符串；当客户端输入"!q"后，客户端退出，并关闭连接。服务端线程收到"!q"后，也关闭连接，并结束该线程。图 17-5 至图 17-7 分别为服务端程序、客户端程序 1 和客户端程序 2 的运行结果。

图 17-5　服务端程序运行结果

图 17-6　客户端程序 1 运行结果

图 17-7　客户端程序 2 运行结果

> **点拨**
> （1）服务端程序运行后等待客户端的连接，当有客户端连接后，创建一个线程用来服务该连接，然后重新等待客户端的连接；
> （2）将输入/输出流用字符缓冲流进行包装。

## 设计性实验——基于 TCP 服务器的多客户端聊天群

基于 TCP 服务器编写一个多客户端的聊天群，服务器端接收客户端发来的信息，并将该信息分别发送给其他客户端。当客户端输入"!q"通知服务器后，该客户端退出并关闭连接。

> **点拨**
> （1）创建 ClientInfo 类存放客户端的 InetAddress 和端口信息。
> （2）创建 HashMap 对象，存放客户端和 Socket 信息，每个连接有唯一的信息。
> （3）当服务器端线程接收到对应客户端发送的字符串后，假如不是"!q"，则将字符串通过遍历 Map 对象发送给其他客户端，其中 map 的值为 Socket 对象。

## 设计性实验——基于 UDP 服务器的多客户端聊天群

基于 UDP 服务器编写一个多客户端的聊天群，服务器端接收客户端发送的信息，并将该信息分别发送给其他客户端。当客户端输入"!q"通知服务器后，该客户端退出。

**点拨**

（1）将 InetAddress 和 port 作为客户端的唯一标识，直接生成 InetAddress + ":" + port 的字符串，并存放到 ArrayList<String> 集合对象中。

（2）服务器收到客户端的字符串信息后，直接遍历 ArrayList 的客户端信息，向 ArrayList 中的所有用户转发收到的信息。

**拓展训练**

（1）思考面向连接和面向无连接通信方式在网络应用中的差异以及优缺点。

（2）测试多种网络服务器架构模型，思考各类模型的优缺点以及适用的服务场景。

（3）深入理解 UDP 通信以及整个网络通信机制，思考基于 UDP 实现可靠通信的方法，以及如何实现。

（4）思考高并发网络服务系统的最大连接数限制，如何针对面向长连接和短连接服务不同的特点构建服务框架。

# 参考文献

[1] 梁勇 . Java 语言程序设计：基础篇 原书第 12 版 [M]. 戴开宇，译 . 北京：机械工业出版社，2020.

[2] 李刚 . 疯狂 Java 讲义 [M]. 6 版 . 北京：电子工业出版社，2023.

[3] 姜志强 . Java 语言程序设计 [M]. 2 版 . 北京：电子工业出版社，2021.

[4] 郑莉，张宇 . Java 语言程序设计 [M]. 3 版 . 北京：清华大学出版社，2021.

[5] 陈海山，何广赢，苑俊英，等 . Java 程序设计：增量式项目驱动一体化教程 [M]. 2 版 . 北京：电子工业出版社，2021.

[6] 黑马程序员 . Java 基础入门 [M]. 3 版 . 北京：清华大学出版社，2022.

[7] 唐大仕 . Java 程序设计 [M]. 3 版 . 北京：北京交通大学出版社，2021.

[8] 曹德胜 . Java 实践指导教程 [M]. 北京：北京交通大学出版社，2019.

[9] 赵新慧，李文超 . Java 程序设计教程及实验指导 [M]. 北京：清华大学出版社，2020.

[10] 杨丽萍，王薇，张焱焱 . Java 程序设计与实践教程 [M]. 2 版 . 北京：清华大学出版社，2018.